中国重要农业文化遗产系列读本

江苏兴化
垛田传统农业系统

JIANGSU XINGHUA

DUOTIAN CHUANTONG NONGYE XITONG

闵庆文　邵建成◎丛书主编

闵庆文　孙雪萍　张慧媛◎主编

中国农业出版社

图书在版编目（CIP）数据

江苏兴化垛田传统农业系统 / 闵庆文，孙雪萍，张慧媛主编. -- 北京：中国农业出版社，2014.10
（中国重要农业文化遗产系列读本 / 闵庆文，邵建成主编）
ISBN 978-7-109-19568-4

Ⅰ.①江… Ⅱ.①闵… ②孙… ③张… Ⅲ.①农田—介绍—兴化市 Ⅳ.①S284

中国版本图书馆CIP数据核字（2014）第226377号

中国农业出版社出版
（北京市朝阳区麦子店街18号楼）
（邮政编码 100125）
责任编辑 程 燕 张丽四

北京中科印刷有限公司印刷 新华书店北京发行所发行
2015年10月第1版 2015年10月北京第1次印刷

开本：710mm × 1000mm 1/16 印张：11
字数：242千字
定价：39.00元

编写委员会

序言 1

重要农业文化遗产是沉睡农耕文明的呼唤者，是濒危多样物种的拯救者，是悠久历史文化的传承者，是可持续性农业的活态保护者。

重要农业文化遗产——源远流长

回顾历史长河，重要农业文化遗产的昨天，源远流长，星光熠熠，悠久历史积淀下来的农耕文明凝聚着祖先的智慧结晶。中国是世界农业最早的起源地之一，悠久的农业对中华民族的生存发展和文明创造产生了深远的影响，中华文明起源于农耕文明。距今1万年前的新石器时代，人们学会了种植谷物与驯养牲畜，开始农业生产，很多人类不可或缺的重要农作物起源于中国。

《诗经》中描绘了古时农业大发展，春耕夏耘秋收的农耕景象："畟畟良耜，俶载南亩。播厥百谷，实函斯活。或来瞻女，载筐及莒，其饟伊黍。其笠伊纠，其镈斯赵，以薅荼蓼。荼蓼朽止，黍稷茂止。获之挃挃，积之栗栗。其崇如墉，其比如栉。以开百室，百室盈止。"又有诗云"绿遍山原白满川，子规声里雨如烟。乡村四月闲人少，才了蚕桑又插田"。《诗经·周颂》云"载芟，春籍田而祈社稷也"，每逢春耕，天子都要率诸侯行观耕藉田礼。至此中华五千年沉淀下了悠久深厚的农耕文明。

农耕文明是我国古代农业文明的主要载体，是孕育中华文明的重要组成部分，是中华文明立足传承之根基。中华民族在长达数千年的生息发展过程中，凭借着独特而多样的自然条件和人类的勤劳与智慧，创造了种类繁多、特色明显、经济与生态价值高度统一的传统农业生产系统，不仅推动了农业的发展，保障了百姓的生计，促进了社会的进步，也由此衍生和创造了悠久灿烂的中华文明，是老祖宗留给我们的宝贵遗产。千岭万壑中鳞次栉比的梯田，烟波浩渺的古茶庄园，波光粼粼和谐共生的稻鱼系统，广袤无垠的草原游牧部落，见证着祖先吃苦耐劳和生生不息的精神，孕育着自然美、生态美、人文美、和谐美。

重要农业文化遗产——传承保护

时至今日，我国农耕文化中的许多理念、思想和对自然规律的认知，在现代生活中仍具有很强的应用价值，在农民的日常生活和农业生产中仍起着潜移默化的作用，在保护民族特色、传承文化传统中发挥着重要的基础作用。挖掘、保护、传承和利用我国重要农业文化遗产，不仅对弘扬中华农业文化，增强国民对民族文化的认同感、自豪感，以及促进农业可持续发展具有重要意义，而且把重要农业文化遗产作为丰富休闲农业的历史文化资源和景观资源加以开发利用，能够增强产业发展后劲，带动遗产地农民就业增收，实现在利用中传承和保护。

习近平总书记曾在中央农村工作会议上指出，“农耕文化是我国农业的宝贵财富，是中华文化的重要组成部分，不仅不能丢，而且要不断发扬光大”。2015年，中央一号文件指出要“积极开发农业多种功能，挖掘乡村生态休闲、旅游观光、文化教育价值。扶持建设一批具有历史、地域、民族特点的特色景观旅游村镇，打造形式多样、特色鲜明的乡村旅游休闲产品”。2015政府工作报告提出“文化是民族的精神命脉和创造源泉。要践行社会主义核心价值观，弘扬中华优秀传统文化。重视文物、非物质文化遗产保护”。当前，深入贯彻中央有关决策部署，采取切实可行的措施，加快中国重要农业文化遗产的发掘、保护、传承和利用工作，是各级农业行政管理部门的一项重要职责和使命。

由于尚缺乏系统有效的保护，在经济快速发展、城镇化加快推进和现代技术应用的过程中，一些重要农业文化遗产正面临着被破坏、被遗忘、被抛弃的危险。近年来，农业部高度重视重要农业文化遗产挖掘保护工作，按照“在发掘中保护、在利用中传承”的思路，在全国部署开展了中国重要农业文化遗产发掘工作。发掘农业文化遗产的历史价值、文化和社会功能，探索传承的途径、方法，逐步形成中国重要农业文化遗产动态保护机制，努力实现文化、生态、社会和经济效益的统一，推动遗产地经济社会协调可持续发展。组建农业部全球重要农业文化遗产专家委员会，制定《中国重要农业文化遗产认定标准》《中国重要农业文化遗产申报书编写导则》和《农业文化遗产保护与发展规划编写导则》，指导有关省区市积极申报。认定了云南红河哈尼稻作梯田系统、江苏兴化垛田传统农业系统等39个中国重要农业文化遗产，其中全球重要农业文化遗产11个，数量占全球重要农业文化遗产总数的35%，目前，第三批中国重要农业文化遗产发掘工作也已启动。这些遗产包括传统稻作系统、特色农业系统、复合农业系统和传统特色果园等多种类型，具有悠久的历史渊源、独特的农业产品、丰富的生物资源、完善的知识技术体系以及较高的美学和文化价值，在活态性、适应性、复合性、战略性、多功能性和濒危性等方面具有显著特征。

重要农业文化遗产——灿烂辉煌

重要农业文化遗产有着源远流长的昨天，现今，我们致力于做好传承保护工作，相信未来将会迎来更加灿烂辉煌的明天。发掘农业文化遗产是传承弘扬中华文化的重要内容。农业文化遗产蕴含着天人合一、以人为本、取物顺时、循环利用的哲学思想，具有较高的经济、文化、生态、社会和科研价值，是中华民族的文化瑰宝。

未来工作要强调对于兼具生产功能、文化功能、生态功能等为一体的农业文化遗产的科学认识，不断完善管理办法，逐步建立“政府主导、多方参与、分级管理”的体制；强调“生产性保护”对于农业文化遗产保护的重要性，逐步建立农业文化遗产的动态保护与适应性管理机制，探索农业生态补偿、特色优质农产品开发、休闲农业与乡村旅游发展等方面的途径；深刻认识农业文化遗产保护的必要性、紧迫性、艰巨性，探索农业文化遗产保护与现代农业发展协调机制，特别要重视生态环境脆弱、民族文化丰厚、经济发展落后地区的农业文化遗产发掘、确定与保护、利用工作。各级农业行政管理部门要加大工作指导，对已经认定的中国重要农业文化遗产，督促遗产所在地按照要求树立遗产标识，按照申报时编制的保护发展规划和管理办法做好工作。要继续重点遴选重要农业文化遗产，列入中国重要农业文化遗产和全球重要农业文化遗产名录。同时要加大宣传推介，营造良好的社会环境，深挖农业文化遗产的精神内涵和精髓，并以动态保护的形式进行展示，能够向公众宣传优秀的生态哲学思想，提高大众的保护意识，带动全社会对民族文化的关注和认知，促进中华文化的传承和弘扬。

由农业部农产品加工局（乡镇企业局）指导，中国农业出版社出版的“中国重要农业文化遗产系列读本”是对我国农业文化遗产的一次系统真实的记录和生动的展示，相信丛书的出版将在我国重要文化遗产发掘保护中发挥重要意义和积极作用。未来，农耕文明的火种仍将亘古延续，和天地并存，与日月同辉，发掘和保护好祖先留下的这些宝贵财富，任重道远，我们将在这条道路上继续前行，力图为人类社会发展做出新贡献。

农业部党组成员

自人类历史文明以来，勤劳的中国人民运用自己的聪明智慧，与自然共融共存，依山而住、傍水而居，经一代代的努力和积累创造出了悠久而灿烂的中华农耕文明，成为中华传统文化的重要基础和组成部分，并曾引领世界农业文明数千年，其中所蕴含的丰富的生态哲学思想和生态农业理念，至今对于国际可持续农业的发展依然具有重要的指导意义和参考价值。

针对工业化农业所造成的农业生物多样性丧失、农业生态系统功能退化、农业生态环境质量下降、农业可持续发展能力减弱、农业文化传承受阻等问题，联合国粮农组织（FAO）于2002年在全球环境基金（GEF）等国际组织和有关国家政府的支持下，发起了“全球重要农业文化遗产（GIAHS）”项目，以发掘、保护、利用、传承世界范围内具有重要意义的，包括农业物种资源与生物多样性、传统知识和技术、农业生态与文化景观、农业可持续发展模式等在内的传统农业系统。

全球重要农业文化遗产的概念和理念甫一提出，就得到了国际社会的广泛响应和支持。截至2014年底，已有13个国家的31项传统农业系统被列入GIAHS保护名录。经过努力，在今年6月刚刚结束的联合国粮农组织大会上，已明确将GIAHS工作作为一项重要工作，并纳入常规预算支持。

中国是最早响应并积极支持该项工作的国家之一，并在全球重要农业文化遗产申报与保护、中国重要农业文化遗产发掘与保护、推进重要农业文化遗产领域的国际合作、促进遗产地居民和全社会农业文化遗产保护意识的提高、促进遗产地经济社会可持续发展和传统文化传承、人才培养与能力建设、农业文化遗产价值评估和动态保护机制与途径探索等方面取得了令世人瞩目的成绩，成为全球农业文化遗产保护的榜样，成为理论和实践高度融合的新的学科生长点、农业国际合作的特色工作、美丽乡村建设和农村生态文明建设的重要抓手。自2005年“浙江青田稻鱼共生系统”被列为首批“全球重要农业文化遗产系统”以来的10年间，我国已拥有11个全球重要农业文化遗产，居于世界各国之首；2012年开展中国重要农业文化遗产发掘与保护，2013年和2014年共有39个项目得到认定，成为最早开展国家级农业文化遗产发掘与保护的国家；重要农业文化遗产管理的体制与机制趋于完善，并初步建立了“保护优先、合理利用，整体保护、协调发展，动态保护、功能拓展，多方参与、惠益共享”的保护方针和“政府主导、分级管理、多方参与”的管理机制；从历史文化、系统功能、动态保护、发展战略等方面开展了多学科综合研究，初步形成了一支包括农业历史、农业生态、农业经济、农业政策、农业旅游、乡村发展、农业民俗以及民族学与人类学等领域专家在内的研究队伍；通过技术指导、示范带动等多种途径，有效保护了遗产地农业生物多样性与传统文化，促进了农业与农村的可持续发展，提高了农户的文化自觉性和自豪感，改善了农村生态环境，带动了休闲农业与乡村旅游的发展，提高了农民收入与农村经济发展水平，产生了良好的生态效益、社会效益和经济效益。

习近平总书记指出，农耕文化是我国农业的宝贵财富，是中华文化的重要组成部分，不仅不能丢，而且要不断发扬光大。农村是我国传统文明的发源地，乡土文化的根不能断，农村不能成为荒芜的农村、留守的农村、记忆中的故园。这是对我国农业文化遗产重要性的高度概括，也为我国农业文化遗产的保护与发展指明了方向。

尽管中国在农业文化遗产保护与发展上已处于世界领先地位，但比较而言仍然属于“新生事物”，仍有很多人对农业文化遗产的价值和保护重要性缺乏认识，加强科普宣传仍然有很长的路要走。在农业部农产品加工局（乡镇企业局）的支持下，中国农业出版社组织、闵庆文研究员担任丛书主编的这套“中国重要农业文化遗产系列读本”，无疑是农业文化遗产保护宣传方面的一个有益尝试。每本书均由参与遗产申报的科研人员和地方管理人员共同完成，力图以朴实的语言、图文并茂的形式，全面介绍各农业文化遗产的系统特征与价值、传统知识与技术、生态文化与景观以及保护与发展等内容，并附以地方旅游景点、特色饮食、天气条件。可以说，这套书既是读者了解我国农业文化遗产宝贵财富的参考书，同时又是一套农业文化遗产地旅游的导游书。

我十分乐意向大家推荐这套丛书，也期望通过这套书的出版发行，使更多的人关注和参与到农业文化遗产的保护工作中来，为我国农业文化的传承与弘扬、农业的可持续发展、美丽乡村的建设作出贡献。

是为序。

中国工程院院士

联合国粮农组织全球重要农业文化遗产指导委员会主席

农业部全球/中国重要农业文化遗产专家委员会主任委员

中国农学会农业文化遗产分会主任委员

中国科学院地理科学与资源研究所自然与文化遗产研究中心主任

2015年6月30日

前言

兴化古称昭阳，又名楚水，位于江苏中部、长江三角洲北翼，地处江淮之间，里下河腹地，历史文化底蕴丰厚，源远流长。据考证，境内人类生存史距今约6000多年。兴化文化积淀深厚，人才辈出，先后诞生出中国四大名著之一《水浒传》的作者施耐庵、扬州八怪之首郑板桥等世界知名文豪和书画家。

兴化自古地势低洼，湖荡纵横，历来饱受洪涝侵害。当地先民在沼泽高地之处垒土成垛，渐而形成一块块垛田，因此，垛田是沼泽洼地独具特色的土地利用方式和农渔结合的生态农业典范。“河有万湾多碧水，田无一垛不黄花”是兴化垛田的真实写照。一块块四面环水、状如土岛的垛田，散落在一望无际的碧波中，故有“千岛之乡”的美誉。每到清明时节，岛上长满了金黄色的油菜花，“船在沟中行，人在花中走”，别有一番情趣。先后被评为“中国最美油菜花海”、“江苏省最美乡村”等。“江苏兴化垛田传统农业系统”于2013年被农业部列为首批中国重要农业文化遗产（China-NIAHS），2014年被联合国粮农组织列入全球重要农业文化遗产（GIAHS）名录。

本书是中国农业出版社生活文教分社策划出版的“中国重要农业文化遗产系列读本”之一，旨在科普与宣传江苏兴化垛田传统农业系统这一人与自然相互适应的农业生产模式，提高全社会对农业文化遗产及其价值的认识和保护意识。全书包括八个部分：“引言”介绍了兴化垛田传统农业系统的概况；“探寻垛田奇特的水土利用方式”介绍了垛田的形成及独特的水土利用方式；“剖析传统垛田系统的生态韵味”从生产系统、资源利用、生物多样性维持、水土保持和气候调节等方面分析了生态服务功能；“感受‘那水、那垛、那人’”介绍了农业生产、水乡旅游及民间艺术；“品味水乡泽国的地域风情”介绍了垛田的旖旋风光、民风民俗与诗词歌赋；“一览垛田四时渔耕技艺”介绍了传统耕作技术与知识；“寻觅垛田持续发展之路”介绍了垛田所面临的威胁、挑战及可持续发展途径；“附录”部分介绍了遗产地旅游资讯、遗产保护大事记及全球/中国重要农业文化遗产名录。

本书是在江苏兴化垛田传统农业系统农业文化遗产申报文本、保护与发展规划的基础上，通过进一步调研编写完成的，是集体智慧的结晶。由闵庆文、孙雪萍设计框架，闵庆文、孙雪萍、张慧媛、吉天鹏、白艳莹统稿，丁向方、田密、史媛媛、朱会林、刘文荣、刘某承、杨波、吴存发、何露、张永勋、袁正、焦雯珺等参加编写或参与讨论。编写过程中，得到了李文华院士等专家的具体指导及农业部国际合作司、农产品加工局、兴化市和农业局等单位和部门有关领导的热情鼓励和大力支持，在此一并表示感谢！

本书编写过程中，参阅了许多颇有意义的文献资料，限于篇幅，恕不一一列出，敬请谅解。书中所有照片，除标明拍摄者外，均由兴化市农业局提供。由于水平有限，难免存在不当甚至谬误之处，敬请读者批评指正。

编　者

2015年7月12日

目 录

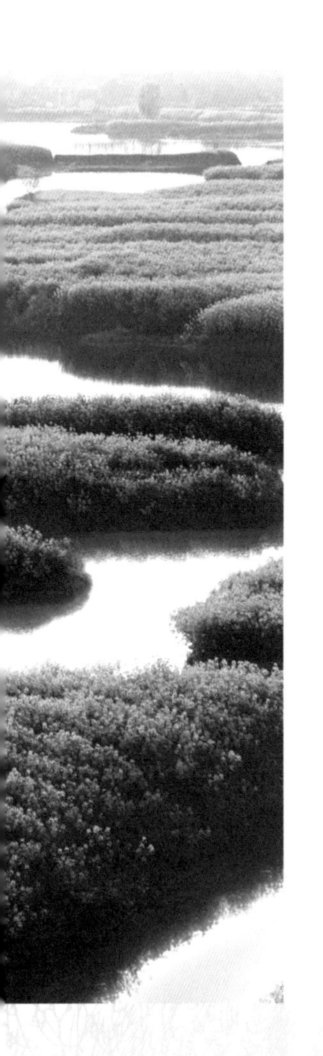

引言

水是生命之源，生态之基，更是农业的命脉。南涝北旱是中国农业由水而成的两种主要灾害，长期以来束缚着南北方农业的发展。“生命总会找到出路”，如何“克敌制胜”？挖井取水、依山造田是千百年来人们依靠勤劳智慧所形成的制胜之道。

兴化，这片富庶美丽的里下河平原，这座久负盛名的农业大市，历经千年沧桑和时代变迁，保留下大量珍贵的农业文化遗产，兴化垛田传统农业系统就是其中的一块瑰宝。

“沧海桑田难为水，怎得洼地变良田。”在水乡泽国，地势低平、河网密布，土地便成为稀缺资源。位于江淮之间里下河地区的兴化市处于一个典型的“锅底洼”平原区，这里地势低洼，大大小小4 000多条河流纵横交错，自古以来饱受洪涝灾害的侵扰。

为应对水患威胁，当地先民面对一片片湖荡沼泽，因地而宜，因水而宜，在沼泽高地之处垒土成垛，渐而形成一块块垛田，使蛮荒之地可以种植，可以为人所用，发展出一种独特的土地利用方式。

“九夏芙蓉三秋菱藕，四围瓜菜万顷鱼虾。”兴化垛田传统农业系统是数百年来，当地先民开拓进取、艰苦创业、垒土成垛、与水和谐相处的历史产物。这些垛田，或方或圆、或宽或窄、或高或低、或长或短，形态各异且大小不等，大的两三亩，小的只那么几分、几厘，它们四面环水，垛与垛之间各不相连，宛如一个个“土岛”在一望无际的碧波中荡漾，故有“千岛之乡”之美誉。每

注：亩为非法定计量单位，1亩=667平方米。——编者注

到清明时节，“岛”上长满了金黄色的油菜花，“船在水中行，人在花中走”，别有一番情趣。

据《大不列颠百科全书》记载：中国东南平原有垛田，具体情况不详。在兴化市下辖的垛田镇、缸顾乡、李中镇、西郊镇、周奋乡五个乡镇内，也就是在兴化垛田传统农业系统的核心区内，共有6万多亩垛田集中分布。如此规模的垛田地貌集群，在全中国乃至全世界绝无仅有，可谓天下奇观，已经形成独特的文化景观，得到了海内外众多专家的高度评价。

这一独特的地貌景观先后入围江苏省第三次文物普查十大新发现和全国第三次文物普查重大新发现，2011年12月被江苏省政府确定为第七批省级文保单位。

2013年，江苏兴化垛田传统农业系统入选第一批中国重要农业文化遗产（China-NIAHS）；2014年，被联合国粮农组织认定为全球重要农业文化遗产（GIAHS）。

生长于垛田之乡的兴化特产龙香芋上了中央电视台美食类记录片《舌尖上的中国》，美丽的垛田景观入列《美丽中国》系列邮票。

垛田是里下河最具典型意义的活化石，是研究当地生态环境变迁和土地利用方式转变的一件珍贵标本。由于垛田地理地貌的独特性，现代化的耕作方式在这里难以施展拳脚。几百年来垛田地区基本保持原有的地貌特征，田间劳作无舟不行，家家有船、户户荡桨成了一道罕见的风景。至今，垛田还保存着传统的农耕方式，用天然生态的肥料种植蔬菜。

可以说，垛田这种独特的农业生态系统，是兴化先民和后代子民利用自然、改造自然、与自然和谐相处的结晶与典范，也是里下河地区农田防洪避灾的杰作。同时，兴化垛田地貌经历了利用自然、架木浮田到就地堆积的“造田”过程，对我国水网地区的种植业历史具有一定的科学研究价值。

一

探寻垛田奇特的水土利用方式

（一）追根溯源觅形成

1 垛田形成的传说

走进垛田，你会惊叹于那一片广袤而独特的土地，更诧异于造物主的神奇与

注：全书除标注图片，其他图片均由兴化市农业局提供。

诡谲。感叹之余，人们总会问起垛田的来历，打探她的成因。关于垛田的形成，曾有不少神奇的传说，其中“八仙说”“大禹说”和“岳飞说”在民间最为流行。

“八仙说”是讲八仙刚来到东海之滨，那铁拐李趁何仙姑不备，偷偷摘下一片荷花瓣随手一扔，这花瓣飘落而下，落在水上，竟在那水中慢慢变化成个土墩子。就在众仙惊讶之时，何仙姑索性又摘了几片撒落下去，水里又长出些土墩。何仙姑边撒边对铁拐李说，我人虽无德无才，花瓣倒还有些灵气吧。那铁拐李哪里肯服，就从破衣兜里摸出一把瓜子悠悠然嗑起来，边嗑边将壳子吐下，不想那

“浮”在水面上的垛田

瓜子壳落下后也在水里变为一个个土墩。两仙人较起劲来，一个撒花瓣一个嗑瓜子，于是长出这一片垛田来。

“大禹说”是讲舜在位时，念禹治水有功，便传令召见欲加犒赏。大禹接令后不敢怠慢，泥腿未洗赤脚上路，日夜兼程赶往舜营。路过东海边一处海湾停下歇脚，面对滔滔海水，大禹对随从说，若能将此海湾之处海水退去造一片良田，该能造福多少庶民！喟叹中，将腿上泥巴抹下甩向水里，岂料那点点泥巴竟慢慢长出一个个大小不等的土墩来。禹大喜，令一随从前去谒舜，等他将这片海湾治成再去领赏。禹就率领海边民众筑大堤，退海水，挖土墩，种蔬菜，垛田由此而生。

“岳飞说”是讲为岳飞驻军所始筑的传说。12世纪初，得胜湖一带是宋金战役江北战场之一，南宋朝廷以这里为屏障与北方金政权展开对峙与角逐。《吴陵野纪》卷1“岳墩”条下记载：“是墩宋绍兴十年开市河垒土而成，明万历十年，祀岳公于墩，始以岳称。岳在泰时，以无险可守护，退保柴墟，未尝屯兵于墩。俗以为墩为岳屯兵地者，非也”。南宋王朝主力部队统帅岳飞，“领通泰事，镇抚兴化”，率军驻扎在此并北上攻击金王朝军队，1130年淮上三捷后班师得胜湖，于湖边直立军旗，从此得胜湖边有了一个叫旗杆荡的地方。这场持续多年的民族战役留下来的果实，正史或者另有记录，但对兴化而言，却是特别的军事遗产。当岳飞这位著名统帅率领下的士兵们，为了扎营需要，在旗杆荡周围因地制宜垒土为垛后，这种低平水洼上的人工高地，被本地原住民加以效法和扩展，改成了可供种植的土地。从此，这里的渔民便不再单纯捕鱼，而是亦农亦渔。他们从此也不再漂泊水上，而是上岸落根，最后形成了代表性的“三十六垛”，即三十六个自然村庄。三十六垛上的居住者，为有别于其他地方的人群，自称“垛上人”。

据历史记载及考古考证，5 000多年前，里下河地区为东海海滨，兴化垛田的成陆过程大致经历了海湾—泻湖—湖沼—水网平原的变化。当地农民也经历了由以捕鱼为生，到农渔结合的过程，水土利用形式也完成了由水到水陆结合的逐渐转变。

② 渔猎时期——南荡古文化遗址

1992年考古发掘的南荡遗址，揭示了豫东王油坊类型龙山文化迁徙的轨迹。该遗址的发现，对于探讨华夏文化的起源，揭示勾吴文明的发端有着极其重要的意义。

南荡遗址与垛田镇相距仅3千米，由此可推测，垛田地区与南荡遗址拥有共同的先民，垛田地区早在4 200多年前的新石器时代就有了人类活动。南荡遗址与垛田的成陆过程大致相同，经历了海湾—泻湖—湖沼—水网平原的变化，属于里下河低洼腹地。

2008年，文物普查发现了位于垛田镇湖西口村的耿家垛遗址。该遗址发现于原始垛田地表以下约1米，占地面积约3万平方米。经专家鉴定，耿家垛遗址为中国春秋至西汉早期（公元前800—160年）古文化遗址，距今2 200—2 800年。

东夷又称夷方、淮夷，是商周时期东部海滨诸族的统称，属于我国古老民族的一部分。东夷人以渔猎为主，已制作和使用陶鼎、陶罐、陶盆等生活用具，这

南荡古文化遗址（赵桂虎/摄）

从耿家垛遗址发现的大量陶片中得到印证。当周公平定东夷部落时，居住于淮水以北的部落只好迁徙到淮南，建立了邗国。公元前841年，中原地区发生“国人暴动”，不久，周公、召公主持朝政，史称“周召共和”。《兴化县志》（胡志）记载：“共和间，淮夷作乱。”这就说明，当时，今兴化地区也曾发生淮夷（东夷）起义。春秋时期，兴化地区先后隶属于吴国、越国。延至战国时期，楚国令尹昭阳将军于楚威王六年（公元前374年）率兵攻打越国，杀死越国国君无疆，使今兴化一带并入楚国。楚怀王六年（公元前323年），昭阳又率兵攻打魏国，得襄陵（今河南睢县）等八邑。当时，兴化一带为古渤海之地。楚怀王将此处封为昭阳食邑。因此，人称“渤海镇军压六王而霸楚，阳山食采留三户以诛秦”。耿家垛遗址汉代官瓦的发现，证明今兴化地区早在战国至汉代已是经济、文化相当发达的地区。

早年垛田风光（许才清/摄）

从兴化境内发现的古箭镞等文物和南荡遗址等若干古代文化遗址中知道，早在商周时代，这一地区便是江淮流域东夷人的聚居地之一。东夷是商周时期东部海滨诸族的统称，属于我国古老民族的一部分，农民以捕鱼为生。由此可见，历史上兴化垛田地区曾以渔业为主。

❸ 浮田时期——历史文献记载

约3 000年以前，海岸线东移，兴化地区水位下降。另外，受黄河泛滥的淤积物的覆盖，湖水变浅，孤蒲等湿生植物在湖中生长繁盛，沼泽型湖泊特征非常明显。垛田祖先在沼泽中以木作架，铺上泥土及水生植物（如葑，即茭白根），将木架浮于水上，称为浮田。浮田漂浮在水面上，可随水面起伏，不容易被淹没。

关于兴化浮田的记载，在中国古代著名文人作品中均有相关记述，如《晋书·毛璩传》、北宋苏轼的《东坡集》、明代王祯的《农书》等。北宋梅尧臣《宛陵集》云："雁落葑田阔，船过菱渚秋"；明代邑人高谷在《题兴化邑志初稿》中，就有"葑田凫唼唼，芦渚雁嗈嗈"的描述；徐谦芳在《扬州风土记略》记载："兴化一带，有所谓坨者，面积约亩许，在水中央，因地制宜，例于冬时种菜，取其戽水之便也；故年产白籽甚丰。"

❹ 垛田形成——水利建设与泥沙淤积

自古以来，为有效防治洪涝灾害，疏浚河道，兴化所处的里下河地区便成为水利工程建设的重点区域。

唐天宝十四年"安史之乱"后，我国的经济中心逐步南移，江淮地区得到迅速发展。唐大历二年淮南节度判官李承主修"常丰堰"，此后劳动力增加，种植业发展，兴化地区的粮田、垛田面积开始出现。北宋天圣元年范仲淹任兴化知县，在"常丰堰"的基础上筑成"范公堤"，有效地挡住了海水西灌，有利于垛田地区经济的发展，为沼泽地变为陆地提供了条件。

南宋建炎二年（1128年），黄河改道南下，带来了大量泥沙，里下河一带，特别是兴化境内的沼泽地露出水面。当地居民在早已形成的垛岸基础上进一步积土垒垛，从而出现了成千上万块四周环水的岛屿状田地，用来垦荒、种植。同时，可以有效地抵御洪水灾害。明洪武初年，朱元璋将苏州、昆山等江南几十万人口强迁到江北里下河地区，史称"驱逐苏民实淮扬二郡"，大批移民迁入垛田，

带来了先进的生产技术和文化，促使垛田渐成规模。

近来学者多指出，明中叶及清前期，兴化地区的环境已经由濒湖临水状态逐渐转化为陆降水升的沼泽水荡。此外由于洪水的威胁和人口增长的压力，垛田的出现正是以当地生态环境的变迁为背景，以防治洪涝为目的，适应人口快速增长的一种独特的土地利用方式。

清代郑板桥在《自在庵记》中写道："兴化无山，其间菜畦瓜圃、雁户渔庄，颇得画家遥远之意。"可见，在郑板桥所生活的清代前期的乾隆中期之前，兴化垛田还是不多的。

《咸丰重修兴化县志》卷2"筑圩"记载："治水之官禁民筑圩，恐妨水道，亲民之官劝民筑圩以卫田庐。前抚宪林公劝筑圩岸，刊刻示谕，剀切周详，至今民利赖焉。邑之兴，盐，界河北盐民筑长圩蚌，沿河南，泰民亦筑长圩，均緜互百里。本邑自乾隆十八九年后，迭被水灾，创筑安丰镇一围，厥后东隅踵行之。

民国《兴化县小通志》亦记载："查兴化御水田圩……计共十有一处……第查此项大圩率皆创始于清代乾隆以后。……就其本身利害研制，有圩以挡填水，可以苟延旦夕多获升斗之需，设遇旱灾堵闭上水之口，拦御淋卤改种旱谷，亦复相宜。"

并记载："兴化水防大圩之外，有鱼鳞圩即普通合匡水田之小圩是也，其宽约在五六尺七八尺之谱，高出田身数尺之上。"

可见兴化地区垛田的大量出现，可能是在清代乾隆中晚期之后。

这种原始的完全以人力垦造垛田的伟大工程，一直延续到20世纪90年代，直到垛田境内已无一块荒地可供开垦为止。今天我们在旗杆荡公路沿线所看到的垛，大多是20世纪80年代以后当地菜农挖成的新垛。这种"新生代"的垛田，大约占去了全镇四分之一的面积。

5 垛田的改造——人口迅速膨胀的结果

20世纪60年代之前，垛一般都是很高的，低的两三米，高的四五米，用以防洪。到了60年代后期，人口迅速膨胀，为了生存，有人发明了扩大耕地面积的办法叫“放岸”：将高垛挖低，挖的土将小沟填平，相邻的两三个垛子连成一片，或者向四面水中扩展。

80年代，联产到户土地承包，菜农拥有了对耕地的自主权，纷纷将垛田挖低，以增加面积，方便耕作，同时也可以将挖出的土卖给砖瓦厂，卖给城里的建筑工程赚钱。

垛，一下子变矮变大了，变成现在一米多的高度，而且基本上高度一致，没有了当初那种高高低低、错落有致的风格。今天我们所看到的垛，大多是20世纪80年代以后当地菜农挖成的新垛。

1978年的垛田风光（吕厚民/摄）

（二）垛田话垛

地名作为一种特殊的文化载体，是反映当地的自然地理或人文地理特征的重要标志。以“垛”为名是兴化市地名的一大特色，在江苏兴化垛田传统农业系统所涉及的5个乡镇中，垛田镇便是其一，以“垛”命名的村庄更是有二十多个。

垛田，“以垛为田”。垛田得名详细在什么时间，暂时还不能确定。根据《兴化县小通志》作者转述《咸丰兴化县志》的说法，至少在19世纪后期，垛田已是兴化地方志或水利志叙述中的区域名词。兴化人习惯上将垛田地区称为“三十六垛”。三十六垛，就是垛田的别称，垛田的“乳名”。

历史上，垛田地区的行政区划和隶属关系变动频仍，名称繁杂。新中国成立后，从1956年设立“垛田工作组”，到1958年2月设立“垛田乡”，开始形成现有建置区划。此后，1958年9月改为“垛田人民公社”；1983年复称“垛田乡”，辖

俯瞰垛田（王虹民/摄）

44个行政村；2000年撤乡建镇，此前全市区划调整，沙垛、下甸两村划归昭阳镇；2002年行政村合并后，共有22个行政村。垛田镇现存的区划范围，基本包纳了兴化城东郊一带拥有垛田、以种植蔬菜为主的村庄。

垛田全境共有49个自然村庄。村庄的名称，以“垛”命名的居多，如张皮垛、何家垛、翟家垛、小徐垛、大徐垛等。也有不少因湖荡或因水得名，如高家荡、杨家荡、绰口荡、湖西口、芦洲、凌沟。一些村庄如南腰、孔戴、小戚等，大概因为规模较小，故以“舍”为名。听上去比较亲切的，是几个带“子”的村庄，有王横子（现王横村）、西横子（原王西村，现属王横村）、长岸子（原长安村，现属孔长村）、朱家园子（原朱元村，现属南园村）。而以“庄”为名的，全镇仅有张家庄一家。

其实，垛田地区以“垛”为名的村庄也就是20来个。不过，“垛”也好，“舍”也罢，这里的耕地都是垛子，这里的庄稼都是蔬菜，这里的人都是种蔬菜的“垛上人”。中国人又偏爱“六六大顺”一类的数字，什么“三十六计”“三十六房”“三十六天罡”，那就把这些与垛相关的村庄统称“三十六垛”吧。此外，有人指出，“三十六垛”实际是指包括垛田在内的兴化城厢所有的大垛子，下面我们来探寻几处历史上有名气的垛子。

❶ 花园垛

花园垛位于垛田镇杨花村西部，是一个小型的自然村。东面紧邻“两厢瓜圃”“十里莲塘”两处美丽的垛田风光，是一块名副其实的风水宝地。

为何取名为花园垛？据村里老人介绍，历史上这里曾经是明朝永乐年间工部员外郎徐谧的故居。他辞官后，在此地建造了一座园林式庄园，名为“徐氏庄园”。庄园内景色非常优美，多处建有楼台亭阁，并栽种了许多奇花异木，园内还有小沟小河曲折迂回其中，小桥假山可供人散步赏玩。至明宣德年间，徐谧的孙子徐大经对徐氏庄园进行了改造，在园内建造了高大巍峨的“问鹅亭”。后来兴化名士徐来复为赞美徐氏庄园美景，并赋诗一首，名为《问鹅亭记》:

九曲湾溪处，孤亭有问鹅。

大都人客少，只是来云多。

野鸟冲青霭，游鱼趁碧波。

夕阳平野暮，时听采莲歌。

时过境迁，由于徐家后代均在外谋事，园中长期无人居住管护，庄园便逐渐衰败颓废。周围村庄的农户便来此垦荒、垒垛、种植蔬菜，最终形成了今天的“花园垛”。

❷ 大徐垛

大徐垛位于花园垛以东，是垛田镇杨花村的一个自然村。明朝时候兴化出了个宰相叫李春芳，据当地人说，李春芳的岳父便是大徐垛的菜农。

为了方便李春芳和夫人回家省亲，地方乡绅为其修建行宫，房屋共计有三十多间。后来，按照李春芳意思，改作寺庙。由于地处兴化县境上游，故取为“上方寺”。

据说清朝乾隆皇帝曾来过上方寺，并钦赐了方竹禅和黄马褂。从此，上方寺在里下河一带名气大涨，香火旺盛。并有一位不愿留名的异地富豪出资对寺庙进行了扩建。

❸ 何家垛

何家垛曾有过“三步两座桥”和“两步三座庙”的景致。曾经有两条河穿过何家垛，并在村中心呈十字形交叉而过，在这两条夹河上建有两座木桥，宛如江南周庄的双桥，仅需走三步，便可跨两桥。过去，何

女将撑船男将坐

家垛有“三十六把茶壶，七十二件大褂子”的称号，说的是捧茶壶、穿长衫的人很多，这些都是“行老板”。曾经，徐家垛商业很繁忙，沿夹河两侧有很多的船行、八鲜行、靛行和草行，其中以船行最多，号称是里下河地区的船舶交易中心。何家垛还有一句民间俗语“家住何家垛，女将撑船男将坐”，这句话的意思是，在何家垛撑船的通常是妇女，男人坐于船上，有些许嘲讽何家垛男人懒惰的意味。

④ 张皮垛

张皮垛就是现在的张皮村，位于垛田西南部。兴化地区曾流传着一首民歌，叫做《张皮垛哭青菜》，说的就是那里的事情。

《张皮垛哭青菜》

提呀起的个青哪菜真哪悲伤，苦伤心儿“口丢”（“口丢”合体字）（欧），起呀早的个带呀晚哪，把把垛上呃“口丢”。浇水浇粪日夜忙呃，我的亲娘呃！

百嘎合的个茎哪子木哇耳样呃，嫩得凶“口丢”（欧），青哪枝的个绿哇叶嘎，排成行呃“口丢”，一天天往上长呃，爱（tong）煞人儿“口丢”。

谁呀想的个到哪了个孬哇中央呃，害人精儿“口丢”（欧），日嘎编的个保哇甲嘎，夜站岗呃呃“口丢”，一天不准下田庄呃，急煞人儿“口丢”。

七八天的个不准下呀田庄呃，坏透顶儿“口丢”（欧），没那人的个田那望呃，苦伤心“口丢”（欧），菜枯叶子黄呃，不能卖儿“口丢”。

恨哪人的个不哪恨旁呃一个呃，孬中央儿“口丢”（欧），乡还团的个领哪路哇，来帮呃“口丢”，弄得我家，家破人亡呃，杀千刀儿“口丢”。

据《兴化市志》记载：“1959年6月30日，新华社发出专讯，报道兴化垛田张皮大队348.88亩油菜平均产油菜子159.5千克，比去年增产29%。”张皮人为垛田、兴化做出了巨大的贡献。

（三）着眼水土见奇特

兴化垛田传统农业区地处低洼河滩地区，地势低洼，形如侧斧。先民因地而宜、因水而宜，创造性地改造成这种岛状耕地，为人所用。防洪避灾的同时，将荒芜的湖荡沼泽开发利用为“蔬菜之乡”，是人与自然和谐相处，合理利用水土资源的典型范例。

垛田的开发利用也是与时俱进、不断发展的。为了适应人口的迅速膨胀，原本的高垛被挖低，而且两三个连成一片，增加了面积也方便耕作。垛上种蔬菜，沟里养鱼虾，立体开发的农业模式加上根据不同季节作物，时间上合理安排，充分体现了传统农业中蕴含的生态智慧。对于在滩地分布大，人力、劳力、财力又薄弱的区域，开发此种模式效果尤为显著，是滩地开发利用的方向。

❶ 独特性

对于垛田这种岛状耕地的地貌，旅游与环境策划专家们作了较为深入的研究与考察。他们发现到目前为止，除了江苏兴化，国内外其他地方没有发现存在。

“岛状”耕地（李松筠/摄）

据考证,《大不列颠百科全书》中所描述的“中国东南平原有垛田，具体情况不详。”便是指今江苏兴化一带的垛田。在兴化市境内，垛田镇集中分布着3万亩左右这种耕地，缸顾、李中、西郊、周奋等4个乡镇亦分布着面积不等的垛田。如此规模的垛田地貌集群，在全中国乃至全世界绝无仅有，可谓天下奇观，被称为“天下第一田”。

《大不列颠百科全书》中对垛田的记载

❷ 创造性

垛田这种独特的耕地形态，是垛田先民和后代子民利用自然、改造自然、与自然和谐相处的杰作表现了当地人们非凡的创造性。

首先，垛田地区由泻湖盆地逐渐演变为湖荡沼泽之后，如何开发利用这些湖荡沼泽？先民们因地而宜，因水而宜，在沼泽高地之处挖土堆垛，渐而形成垛田，使蛮荒之地为人所用，为种植所用，充分体现垛田先民利用自然的智慧。

其次，垛田因湖荡沼泽而生，四周环水，依湖傍水，面积不大，大小高低不一，并不适宜种植粮食，先民们创造了垛上种植蔬菜的先例。而这样四面环水的垛子，便于给蔬菜浇水、施肥、作田间管理，便于栽种、收获。垛田是由湖荡草地堆垒而成，其土壤多为腐殖土，含有多种微量元素，给蔬菜提供了丰富的养分。加上这种岛状耕地面积不大，因而通风好，光照足。这些得天独厚的自然因素，造就了垛田蔬菜具有品质好、产量高的优势。垛田及其所产蔬菜，是人与自然和谐相处的结晶与典范。

再次，兴化属于长江以北的里下河地区，地势低洼，形如侧釜，平均海拔只有1.5米左右，历来饱受洪涝侵害，过去是“十年就有九年涝”。而垛田先民在堆垛垒圪时，就考虑到防洪避灾，都有一定高度。加上年年积施河泥河苲等自然肥料，其高度在不断增加，以至于后来（20世纪70年代前）的垛垛圪圪高程一般都在2米以上，高的甚至有七八米，洪水来袭也不必担心。所以说，垛田又是里下河地区农田防洪避灾的杰作。

（四）探析今日垛田价值

垛田地区独特的农业景观、良好的生态环境和多彩的民俗文化，是开发旅游产业的宝贵资源。菜花垛田、水上森林、湿地公园以及渔业生态园等著名景区，均处于农业文化遗产地保护范围内。利用垛田、湿地、水面、耕地这些优质资源，合理开展休闲农业、生态旅游等项目，既能促进当地经济发展，增加农民收入，也是传统农业资源动态保护的有效方式。在垛上耕作之余，从事旅游餐饮、住宿服务，使得当地百姓的生活逐步富裕起来。此外，旅游业的发展也带动了当地农产品的销售，几年来，芋头、香葱、韭菜等价格翻了几倍。垛田地区的旅游开发，切实改善了农民的生活，也使他们更加意识到对遗产资源保护传承的重要意义。

油菜花海（杨伦/摄）

生产发展、生活富裕，应该是社会主义新农村建设的重要内容。垛田盛产蔬菜，是久负盛名的“蔬菜之乡”，也是中外闻名的“脱水蔬菜之乡”，已经形成种植、加工、销售的产业链，形成了“贸工农一体化”的雏形，农民种菜每亩地年收益近万元，蔬菜加工工业成为垛田的特色产业、支柱产业。继承并发展垛田农业文化遗产，按照贸工农一体化的要求做大做强蔬菜产业，对于不断增加农民收入，加快农业现代化步伐，推进社会主义新农村建设意义重大。

垛田这一独特的农业文化遗产，不仅孕育了具有垛田特色的种植文化、建筑文化、饮食文化、民俗文化，而且催生了文学艺术，促进地方文化艺术的传承与发展。灵秀的水、灵秀的垛，也催生了丰富的垛田民间艺术，造就了一大批民间艺人。高家荡的高跷龙、芦洲的判官舞、四人花鼓舞、新徐庄的刻纸与扎裱，以及拾破小品画、垛田农民画，都具有独特的艺术表现力、感染力和生命力。

灵秀的垛田

拾破画

独特的地形地貌孕育了独特的生产方式和农业文化，独特的农业文化又孕育了区别于“城里人”和“乡下人”的“垛上人”。自古以来，垛田人种植的蔬菜都是自产自销，他们既是种植者又是经营者，集“农民”与“商人”于一身；垛田地处兴化城郊，能够较多、较快地接受城市文化、城市信息的辐射；他们经常进城、“下乡”，既跟城市市民打交道，又跟乡间种粮农民打交道，能够见多识广、融会贯通。这一切，决定了垛田人具有较强的商品意识、市场意识、社交意识和民主意识。

兴化垛田传统农业系统是农民长期适应当地自然条件情况下因地制宜发展出来的特有的一种抗灾减灾的独特生产方式和土地利用方式。这种源自传统经验的农业耕作，使农民获得了与自然和谐相处的自然生存方式，实现了真正意义上的天-地-人和谐共处。当今社会，日益增长的人口与有限土地资源之间的矛盾越来越突出，如何在有限的土地中实现人与自然的和谐发展成为了一个难题。而兴化垛田传统农业系统刚好为这个问题提供了一个很好的范例，为其他同类地区合理利用土地，发展适应本地条件的生存方式提供了有效的借鉴。系统开展垛田农业文化遗产保护，不仅可以更好地保护好这一重要的农业文化遗产及其相关的优良种质资源、传统技术与文化等，还可以同时提高兴化垛田的知名度，促进该地区生态农业和可持续旅游产业的发展；进而带动社会经济发展，实现人与自然和谐。

农业发展在通过科学技术进步和土地集约化利用取得巨大成绩的同时，也造成了生态与环境问题的日益加剧。与之对应的是一些传统地区的传统农耕方式在适应气候变化、供给生态系统服务、提供多种产品等方面具有独特的优势。如当地农民有在垛田边沿覆盖河泥种芋头的习惯，这种办法可以保护垛田免遭崩塌侵蚀等。此外，由于重要农业文化遗产项目强调对传统农业以及与其相关的生物和文化多样性的保护，因此对农村环境的保护具有积极作用，为解决农村环境问题提供了新的机遇。

（李松筠/摄）

二

剖析传统垛田系统的生态韵味

（一）“垛—菜/林—沟—渔”立体生产系统

兴化垛田是一个农、林、渔复合的系统。垛田地下水上升湿润的“湿阵”线，对池杉、水杉等耐湿树木生长十分有利，在垛田上发展林业，优势明显。林下多以种植蔬菜为主，垛田土壤养分充足，利于蔬菜生长，与传统的粮食作物相比，林下种植蔬菜经济效益更高；河沟内则通过放养鱼苗，充分利用水资源，发展渔业。

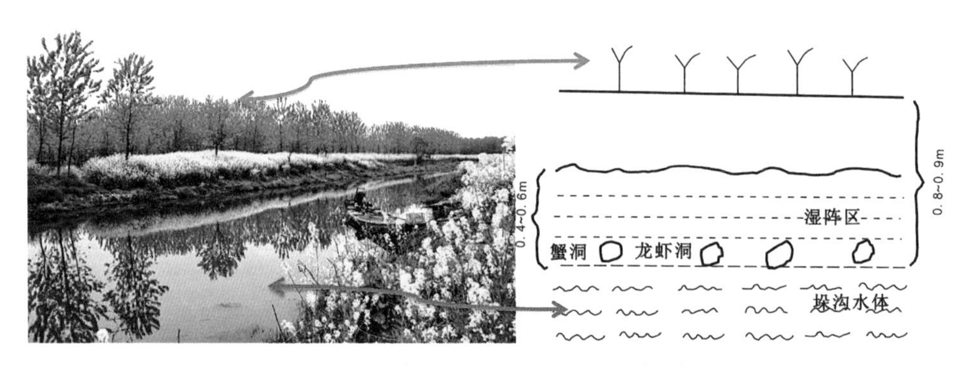

农林渔立体复合经营模式（孙雪萍/绘）

从1979年开始，在周奋乡崔四村开发滩地，营造池杉林，包括以林为主的垛田造林、林粮间作式埂田造林、以养殖为主的鱼池埂造林、林鱼并举的复合型造林，已形成林经、林粮、林渔等林农渔复合模式。

垛田先民们因地而宜，因水而宜，在沼泽高地之处挖土堆垛，渐而形成垛田，使蛮荒之地为人所用，为蔬菜种植所用。垛田这种独特的耕地形态，是垛田先民和后代子民利用自然、改造自然、与自然和谐相处的特有范例；这种因湖造垛、因水而作、因垛种菜的生态系统，是天人合一、人与自然和谐统一的“活化石”。保护、继承、发展好垛田农业文化遗产，将是一部建设生态文明的好教材。

（二）提高资源利用率

兴化垛田传统农业系统内的农民们在开发滩地中积累了丰富的经验，在滩地自然资源的利用上采用空间上多层次和时间上多序列的结构。空间上的多层次是指林、粮、鱼的有机结合，使地上和地下的空间得到充分的利用。时间上的多序列是指不同季节作物种植上的合理安排，在保证林木良好生长的前提下，能在间作物上获得比较高的经济收益。

❶ 光能利用率

林农牧渔复合系统采用多层次、多时间序列配置方式，提高了系统的光合产量和光能利用率。据测定，6年生池杉+油菜复合系统光能利用率比油菜单作田提高1.5~2.5倍。

林牧复合系统

农渔复合系统

❷ 有效利用资源空间

树木树冠位于间作作物上方，根系分布于作物下方。只要作物种类选择得当，可避免双方竞争，充分利用资源和营养空间。另外，适当增加系统中的生物成分，可形成物质的多级循环利用，提高能量转化率和系统生产力。

农作物种植多采用轮作倒茬、间作套种相结合的种植制度。垛田地区常年雨水充沛，热量充足，气候温暖无霜期长，农作物生长季较长，提高了农业的复种指数。兴化大面积生产上以稻麦（油）两熟为主，垛田种植蔬菜一年至少播种2季，香葱可种植2~3茬。林下作物的合理间作套作，扩大了作物播种面积，有效提高了单位面积垛田的生态、经济和社会效益。

垛面上造林、垛沟内养鱼、林下种植农作物或经济作物的林、农、牧结合的方式，使地上和地下的空间得到充分的利用，在保证长期生态效益的前提下获得了较好的经济效益。

林渔复合系统

（三）保护生物多样性维持

兴化垛田传统农业系统的一个重要功能就是保护生物多样性。通过计算，兴化垛田传统农业系统的植被覆盖指数为31.41，生物丰富度指数为71.94，都处于较高的水平，表明兴化垛田生态环境状况良好，生物多样性维持能力较强。

1 农业生物多样性

兴化垛田地区地势平坦，河流纵横，雨水充沛，气候温和，是一个土地肥沃、物产丰殷的鱼米之乡。该地区自古以来盛产瓜果蔬菜，早在明代时期被命名为“两厢瓜圃”，并列入“昭阳十二景”中。根据明代的《兴化县志》记载，该地区种植有多种瓜果、蔬菜、粮食和棉麻（表1），特别是瓜类众多。尤为值得一提的是，该地区还曾经种植一种现已失传的珍贵稀罕的兴化特色瓜果珍品——露果。兴化当地人培育出的露果，口味甘甜爽口。在清代一度被列为贡品，深受皇宫里人的青睐。但遗憾的是，由于战乱等原因，现今这一水果佳品已经绝种了。

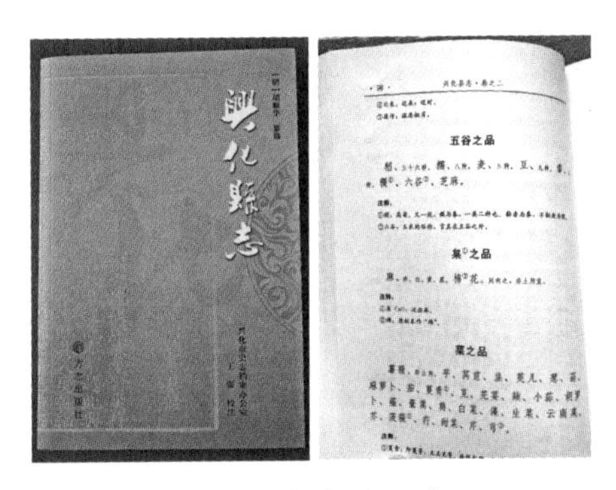

兴化县志中的记载

明代兴化垛田传统农作物种类

类别	品种
粮食作物	稻（36种）、糯（8种）、麦（3种）、豆（9种）、黍（2种）、稷（高粱）（1种）、六谷（玉米）（1种）
棉麻	枲（麻）、棉花

续表

类别	品种
蔬菜	薯蓣（山药）、芋头、莴苣、韭、茭儿、葱、蒜、麻萝卜、茄、蔓青（大头菜）、苋、芫荽、蘋、小蒜、胡萝卜、薤、董蒿、葵、白菜、藻、生菜、云南菜、芥、菠薐、荇、甜菜、芹、芎
瓜类	蔬菜类：笋瓜、黄瓜、丝瓜、冬瓜、菜瓜、梢瓜、瓠瓜； 粮食类：南瓜、撕不烂等； 水果类：西瓜、香瓜、酥瓜、崩瓜和梨瓜等。

现代兴化垛田传统农业系统农作物及畜禽种类

类别	品种	传统品种/引进品种
水稻	淮稻五号	
	武运梗24	
	南梗9108	
	武运梗27	
	南梗40	
小麦	宁麦13	
	宁麦14	
	扬麦16	
	扬麦11	
	扬麦13	
大麦	冈啤大麦	
蔬菜	生姜	传统品种
	豇豆	传统品种
	扁豆	传统品种
	青菜	传统品种
	杏鲍菇	

续表

类别	品种	传统品种/引进品种
蔬菜	平菇、金针菇	
	番茄	
	韭菜	传统品种
	茼蒿	传统品种
	兴化香葱	传统品种
	龙香芋	传统品种
	油菜	传统品种
	丝瓜	传统品种
水果	水蜜桃	传统品种
	西瓜	
	甜瓜	传统品种
	草莓	
	苦瓜	传统品种
畜禽	草鸡	传统品种
	生猪、羊	
	鹅、鸡、鸭	传统品种
	蛋鸡、蛋鸭	传统品种
	海兰、罗曼、高邮鸭	
	太湖鹅	

目前，该地区的农作物以粮食为主，水稻、小麦、大麦、豆类、薯类等，经济作物有油菜、棉花、麻类、薄荷、药材等，水果蔬菜主要有芋头、葱、生姜、青菜、韭菜、苋菜、茄子、辣椒、胡萝卜、番茄、瓜类、荷藕、慈姑、菱角等。人工饲养的畜禽主要为猪、羊、牛、兔、鸡、鸭、鹅等。

采菱

辣椒

生姜

田间莴笋

在这些农作物和畜禽当中，除了引进品种之外，还有不少品质优良的本地品种，对于种质资源的保护具有重要的意义。比如兴化垛田传统农业系统中闻名全国的兴化油菜，目前普遍栽培的是经过农民长期选留的“青羊耳头”“瓢儿白”“黑头大”“青羊耳头”与“瓢儿白”的杂交种，这几个品种均具有分枝多、结荚密、籽粒排列紧密、耐寒力强、产量高而稳定的特点。

刚采摘的河藕（李松筠/摄）

收获的芋头（李松筠/摄）

割韭菜（李松筠/摄）

兴化垛田传统农业系统农作物

类别	品种	传统品种/引进品种
水稻	淮稻五号	
	武运粳24	
	南粳9108	
	武运粳27	
	南粳40	
小麦	宁麦13	
	宁麦14	
	扬麦16	
	扬麦11	
	扬麦13	
大麦	冈啤大麦	
蔬菜	生姜	传统品种
	豇豆	传统品种
	扁豆	传统品种
	青菜	传统品种
	杏鲍菇	
	平菇、金针菇	
	番茄	
	韭菜	传统品种
蔬菜	茼蒿	传统品种
	兴化香葱	传统品种
	龙香芋	传统品种
	油菜	传统品种
	丝瓜	传统品种

续表

类别	品种	传统品种/引进品种
水果	水蜜桃	传统品种
	西瓜	
	甜瓜	传统品种
	草莓	
	苦瓜	传统品种
畜禽	草鸡	传统品种
	生猪、羊	
	鹅、鸡、鸭	传统品种
	蛋鸡、蛋鸭	传统品种
	海兰、罗曼、高邮鸭	
	太湖鹅	
水产	草鱼	传统品种
	青虾	传统品种
	螃蟹	传统品种
	鲫鱼	传统品种
	小龙虾	传统品种
	青鱼	传统品种
	鲢鱼	传统品种
	鳙鱼	传统品种

兴化垛田淡水渔业资源也十分丰富，有鱼类56种，分属10个目、28个科、46个属，盛产虾、蟹、贝类和野禽，主要鱼类品种有青鱼、草鱼、白鲢、鳙鱼、鲤鱼、鲫鱼、鳊鱼、鲌鱼、鳜鱼、鲈鱼、鲻鱼、黄鳝、塘鳢鱼、麦穗鱼、鳑鲏鱼、银鱼、鳗鱼等。

收获的水产品（兴化市水产局/提供）

❷ 相关生物多样性

据1996年普查，兴化境内有野生动物160多种，其中兽类有13种，境内自然分布鸟类（含过境候鸟）53科68属125多种，两栖类有9种，爬行类有15种，属于国家一级、二级重点保护的有东方白鹳、丹顶鹤、白天鹅、灰鹭、中华沙秋鸭、鸳鸯以及隼形目、号鸟形目的所有种等。

垛田系统中的鸟（李松筠/摄）

常见的有白鹭、灰鹭、野鸡、野鸭、麻雀、青蛙、蟾蜍、蛇、黄鳝等野生动物。野生植物有300多种，主要植物门类有藻类植物门、真菌门、苔藓植物门、蕨类植物门及种子植物门。其特点是水生、湿生植物资源占优势，旱生植物蕴藏量极小。

徐马荒湿地

（四）调节气候

垛田四周被水环绕，是一种典型的湿地生态农业系统。与单一陆上耕地相比，这种独特的水陆结合的耕地形态对稳定大区域气候、调节局部气候有显著作用。

一方面，垛田四周的水体通过水面蒸发作用可以增加垛田的空气湿度甚至诱发降雨，在一定程度上保障垛上农作物的生长需水。另一方面，水体中的绿色植物和藻类及泥炭沼泽均具有不同程度的累积并贮存碳的作用。此外，研究表明空气湿度的增加能够缩短空气中部分污染物质如SO_2在空气中的存留时间、促进空气中多种污染物的分解转化、加快空气中颗粒物的沉降速度等，从而起到净化空气的作用。

为了充分利用空间资源，农民们除了在垛田上大面积种植蔬菜之外，还在一些垛田上造林，农林复合结构亦具有显著地调节气候功能。在垛田造林地区，林内辐射一般比农田下降45%~52%，气温比林外低0.8~1℃，林内湿度高于农田3%~5%。

水土结合调节气候

（五）保持水土

兴化市境内土壤为长江、黄河、淮河冲击物以及湖海沉积物。全境土壤分为3个土类，6个亚类，18个土属和49个土种。该地土壤主要为富含腐殖酸的垛田土。土质疏松、养分含量较高，富含有机质及钙、铁、锰等多种微量元素，熟化程度好，通透性好，保肥、供肥能力强，是高产土壤。

土壤肥力质量评价

类型	分级	面积（万亩）	比例（%）
土　地	一级	20.8	10.87
	二级	136.6	71.41
	三级	17.8	9.31
	四级	1.9	0.99
	五级	14.2	7.42

兴化垛田传统农业系统土壤养分

层次（cm）	pH	有机质（g/kg）	易氧化有机质（g/kg）	全氮（g/kg）	全磷（g/kg）	碱解氮（g/kg）	速效磷（mg/kg）	速效钾（mg/kg）	碳酸钙（g/kg）
0~21	7.7	15.4	8.4	1.02	1.09	64.5	6.4	146	7.18
21~83	7.55	15.8	11.7	1.18	1.19	83.5	10.8	157	8.18
83~154	7.35	15.6	5.5	0.29	1.25	—	—	—	—

调查发现，当地农民有在垛田边沿覆盖河泥种芋头的习惯，还有垛田四周的坡面，也栽种作物，这些办法可以保护垛田免遭崩塌侵蚀，保持水土。

水土和谐的垛田系统（董维安/摄）

三

感受“那水、那垛、那人”

兴化垛田传统农业系统凭借其独特的水土利用方式孕育了一代又一代的垛田人，无论是古代的防洪避灾，还是今日的水乡旅游，垛田都一直在当地人的生活生计中扮演着不可或缺的角色。

（一）防洪避灾的杰作

兴化地处江苏中部的里下河腹地，地势低洼，形如“锅底”。垛田的产生是兴化先民为适应当地环境变迁、应对明清时期日趋严重的水患威胁、及适应人口快速增长，而因地制宜发展出来的一种抗灾减灾的独特土地利用方式。

兴化地区位于古代射阳湖核心区南域。据《太平寰宇记》记载，宋代时，射阳湖“长三百里，阔三十里”，为江苏五大湖之一。由于该地区湖群密集，河湖通络，对洪水的调节相当有效，即使地势低洼，却鲜有洪涝发生。明清时期，特别是在潘季驯固定河床、蓄清刷黄以后，大量黄河泥沙在苏北平原及附近沿海地区堆积下来，地处淮河南侧的射阳湖区淤塞速度显著加快。

泥沙不断淤积，射阳湖区的调洪泄洪能力大大降低。一到汛期，各河湖来水迅速向位于锅底洼的兴化地区汇集，形成“诸水投塘”之势。在上游来水和下游海潮的夹击下，兴化地区涝灾频繁，变为“洪水走廊”。在肆虐的洪魔面前，地势较高的垛田体现了较大优势。垛田的地势要大大高于当地的整体地势。在面对频频来袭的洪水灾难时，当地人基本可以高“垛”无忧了；而且，高高的垛田，除了平面，还有四周的坡面，可以栽种作物，在涝灾之年，至少可保一家口粮无虞。

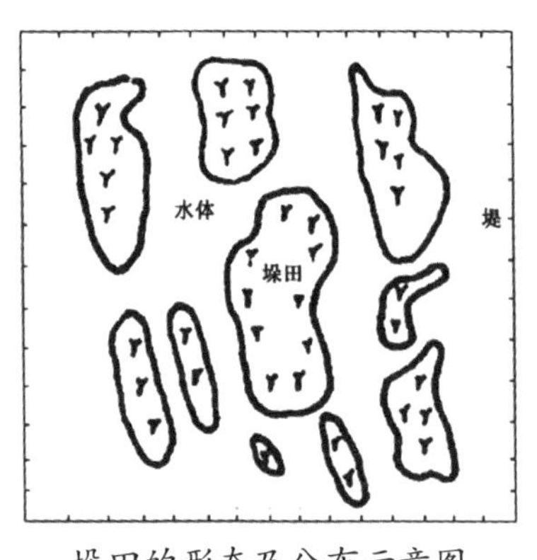

垛田的形态及分布示意图

（二）农渔结合效益高

兴化垛田位于人口密集的地区，要利用有限的土地提供足够的食物需要非凡的想象力和创造力。垛田就是兴化人富有诗意的创造。顺着既有的水土，兴化人对应创造了“垛田”这一奇特的土地利用方式，并获得了丰厚的回报。

兴化垛田所在的江苏里下河地区历史上是由古泻湖逐渐淤积而成的湖荡沼泽地带，无法种田，再加上洪涝频发，农业发展受到制约。垛田的出现增加了可利用土地，尤其是耕地面积，有效解决了这个生计难题。目前，遗产地各类型土地利用面积共312平方千米，耕地面积仅次于水域，占42.1%；其中垛田约40平方千米，占总耕地面积的近30.4%。

兴化垛田传统农业系统土地利用状况

乡镇	土地利用类型及面积（单位：平方千米）						
	耕地（含垛田）	园地	林地	草地	水域	建设用地	其他
垛田镇	21.956	0.01	0.05		27.90	8.474	0.16
缸顾乡	19.034	0.19	0.24		26.15	2.149	0.36
李中镇	29.303	0.004	0.84	0.03	43.32	4.272	1.65
西郊镇	32.983	0.23	0.06	0.06	26.88	4.696	1.63
周奋乡	28.093	0.13	0.93		26.15	2.868	1.03
合计	131.369	0.564	2.12	0.09	150.4	22.459	4.83
所占比例（%）	42.13	0.18	0.68	0.03	48.23	7.20	1.55

垛田上可种粮种菜造林，水中可以养鱼养虾，还可以放鸭、鹅等家禽，在有效保障食物供给的基础上，还为农、林、渔复合经营提供了平台，拓宽了当地农

民的收入渠道。兴化垛田使沼泽地发展高效生态农业成为可能，是沼泽洼地发展农业的独特模式。

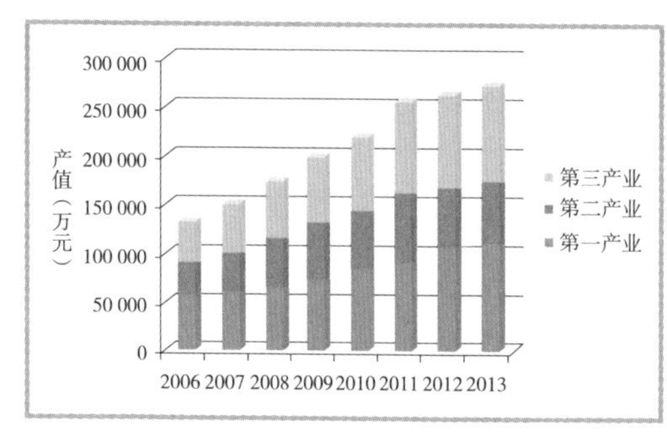

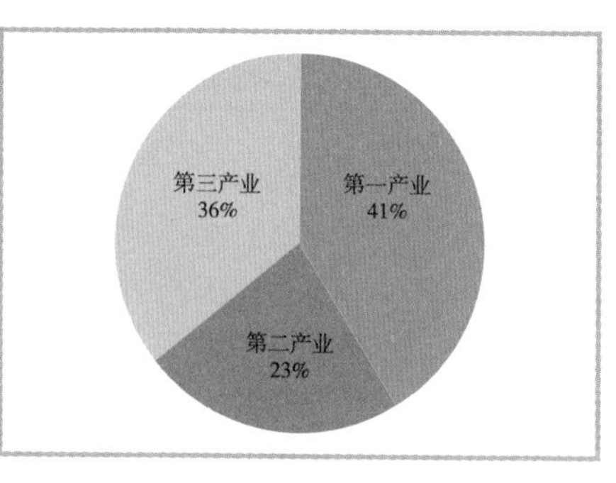

兴化垛田传统农业系统三大产业产值及2013年三产产值比例

近年来，兴化垛田三产总值上升趋势明显，2013年达到27.269亿元，比2012年增长近1亿元。自2006年至今，第三产业所占比例增加了4%，第一产业产值在三产中的比例一直维持在40%左右，且为三产中所占比例最大。在第一产业中，以农业和渔业为主，共占总产值的81.9%。

兴化垛田传统农业系统第一产业产值构成（%）

农业	林业	牧业	渔业	其他
46.47	1.09	11.39	35.43	5.62

兴化垛田传统农业系统地处江淮之间、里下河腹部，生态条件优越，自然资源丰富，2001年兴化市被命名为全国第二批生态示范区，2007年成为江苏省生态农业市，是农业部《优势农产品区域布局规划》长江下游优质弱筋小麦、长江中下游河蟹养殖的优势区域和江苏省优质稻米、专用小麦、双低油菜、特色蔬菜、优质瘦肉猪、优质地方家禽等主导产区。

兴化市已初步形成十大农产品产业集群，即生态河蟹产业、干燥蔬菜产业、优质稻谷产业、红皮小麦产业、啤酒大麦产业、设施园艺产业、水产品加工产业、优质生猪产业、优质禽蛋产业、饲料加工产业。

❶ 保障粮食需求

兴化地处江淮流域、京杭运河沿岸，明清时期商业贸易非常频繁，人口增长速度很快。据《重修兴化县志》卷三食货志记载，自元至明清时期，兴化地区人口增长30多倍。在农业科学技术没有显著革新的情况下，人口的增长带来的巨大粮食消耗只能通过增加耕地的方式来解决。因此随着人口的高速增长，当地水面的大量被垦辟。明嘉靖十七年，兴化全县田地为17 980公顷；清代，据《赋役全书》记载，全县共有田地19 795公顷。这一时期，兴化地区水灾频发，土地荒废非常多；但仍增加农田近2 000公顷。对于一个自公元920年设县的平原地区农业大县而言，境内没有山地和无主荒地可供开垦，在湖中开辟垛田成为重要的耕地来源。

兴化地区不同历史时期人口表

时间		人口
元	1271—1368年	8 628
明	1391年	65 020
	1412年	65 020
	1552年	76 729
	1583年	129 470
清	1657年	32 998
	1796年	305 005
	1849年	337 052

（摘自：卢勇“江苏兴化地区垛田的起源及其价值初探”）

❷ 生产高品质蔬菜

垛田地区最早种植的并非蔬菜，由前述清代郑板桥的记载来看，兴化垛田区域内油菜的种植也并不普遍。据当地农民回忆，在20世纪初的时候，兴化种植较多的是蓝靛，其后由于一战时期的国外同类产品涌进，使得兴化蓝靛种植业遭受严重打击，当地农民逐渐改为普遍种植油菜等蔬菜。

兴化垛田属北亚热带湿润区，温、光、水丰富且峰期同步，十分有利于农业生产。垛田独特的岛状耕地，是由湖荡沼泽地堆积而成，其土质是以沼泽土为主的“垛田土”，土质疏松养分丰富，土壤中富含有机质及钙、铁、锰等多种微量元素，优质的土壤条件成了蔬菜生长的理想摇篮，且境内气候温和，大气、水源无污染，附近无物理、化学、生物的污染源，水上垛岸联田形成有效隔离，达到了无公害蔬菜生产的环境要求。

垛田境内70%以上的耕地为四面环水、高低不一、形状各异的垛圪，这种由湖荡滩地堆垒而成的垛圪，面积不大，通风好、光线足，易浇、易排、易耕作，为多种果蔬生长提供了极佳的环境条件。分明的四季、温和的气候、充沛的降雨，再加上垛田农民历代种菜，积累了丰富的种植经验，使得生产的蔬菜无论是品质还是产量，都是普通大田种植不可比拟的。

多少年来垛田一直盛产各类瓜果蔬菜，是久负盛名的蔬菜之乡，是兴化及周边地区百姓的“果盘子”“菜篮子”。培育了兴化香葱、兴化油菜、兴化龙香芋“三大”地方特色优势农产品，带动了农业增效、农民增收。20世纪50年代兴化垛田油菜籽单产曾创全国之冠，有“垛田油菜，全国挂帅”之誉。

随着种植结构的调整和经济效益的驱动，近几十年来蔬菜种植及相关产业发展迅速，成为当地主要农业收入之一。2013年，垛田镇共种植“龙香芋”6 000多亩，亩产量在2 200千克左右，市场批发价每千克2.4元，每亩纯收入在4 000元以上，种植效益较高。香葱全年种植可达2~3茬，亩产收入在10 000元以上，种植香葱已成为垛田镇广大农户的主要收入来源。

（1）龙香芋　龙香芋为兴化优质地方品种，为魁芋类变种，据考证已有800年的历史，是兴化十分有名的地方特色传统农业品种。垛田四面环水，满足了其生长过程需水量大的特点，从而生长出优质的龙香芋。龙香芋株高1.2~1.5m，叶片深绿色，叶柄绿色，叶柄长，叶片与叶柄相连处有紫晕，母芋近圆球形，肉白色，粉而香，子芋少，椭圆形，肉质黏。

热播的《舌尖上的中国》第七集“我们的田野”，曾对龙香芋进行介绍，这是当地最有特色的美食。龙香芋口感细腻，味香质糯，营养丰富，富含淀粉、脂肪、蛋白质、纤维素、维生素B、维生素C以及钙、铁等矿物质，具有益胃、宽肠、通便散结、补中益肝肾、添精益髓等功效，对治疗大便干结、甲状腺、乳腺炎、关节炎以及癌症等具有辅助疗效。龙香芋可烧、烤、煨、烩等，老少皆宜，深受广大消费者喜爱，产品远销苏州、无锡、常州以及北京等地，在市场上具有较高的美誉度，成为当地种植业结构调整的主要蔬菜品种。芋头自古被视为重要的辅助粮食和救荒作物，如今则成为人们的常食蔬菜，长期以来深受江浙沪鲁等地的客商的喜爱。

“就像有情人一样，芋头短了水活不成，稍微一淹水，也坏了香糯的质地，就会煮不烂”这是兴化人对芋头和水的关系的一个妙喻。在垛田地区，到了夏天盛开一春的油菜花谢了，农户收获完油菜籽便将田地改种为芋头。很快，四面环

田间的芋头（李松筠/摄）

龙香芋

水的垛田便被绿意盎然的芋头叶子遮得密不透风。褪去金黄的油菜花，垛田换上了一袭绿装。如果盛夏时节恰逢天旱不雨，便是种芋头的菜农最忙的时候了。因为，在兴化品种最好的龙香芋一天需要浇四次水，零散分布且面积较小的垛田不利于使用水泵的灌溉取水设施，因此灌溉浇水就要靠人力进行。垛田菜农一早一晚会摇着船到自家地里，用长柄戽水瓢为芋头泼水。看垛田人戽水俨然就像一场优美且技巧十足的表演，如果您戽水全靠臂力的话，保管您再强壮，泼不了十几下，手臂就会酸得抬不起来了。垛田戽水要会巧用腰胯的力量，戽水时身子往后下方沉，腰收紧，小腿肚子上的肌肉因紧张用力而突突直跳，而后，腰用回旋的力道展开，将水瓢中的水甩出很远，这样连垛田中央的芋头也可以滋润到。

经过一夏的高温累积，芋头根部膨大，养分增加，长成母芋；母芋分蘖，形成个头更小、口感更好的子芋。每逢此时，芋头最怕的天气是强降雨天气，如台风或暴雨。强烈的雨水冲刷会将芋头根上的泥土冲走，芋头暴露出来，这叫做“露青”。芋头一旦露青，其富含营养的粘性蛋白就会流失或受到损坏，口感就会发梗。所以在这个时候，芋农要不停地将河道里的水草泥浆壅到芋头根上，防止露青，保护芋头品质。

中秋时节也是芋头收获的季节，在外打工的兴化人都会赶回家帮家里人收芋头，与家人一同过中秋、庆丰收。中秋节的家宴上，芋头宴是必不可少的。蒸熟的子芋沾上白糖，非常香甜，口感极好；母芋配麻鸭、仔鸡或红烧肉都是极好的。此外，还有秋扁豆烧芋头、芋头豆腐羹、毛芋头菜粥等等。在中秋佳节，与家人一起品尝着家乡的芋头，感受着家的温暖，对在外工作的人来讲是最惬意幸福不过了。

（2）香葱　提起垛田，人们常常誉以“千岛之乡”“油菜之乡”“蔬菜之乡”等美称。殊不知，如今的垛田镇还是“香葱之乡”呢。眼下，你来垛田随便走走，映入眼帘的总是一片碧绿。大田里、垛圪上到处都是香葱。

如果只把香葱看作调味品，那就太委屈它了。其实，它不仅有丰富的营养，而且还含有大量的维生素和矿物质，具有很好的营养保健作用。据专家介绍，香葱中除了水分之外，还富含碳水化合物、维生素、纤维素、磷和蛋白质，在蛋白质中谷氨酸的含量达到40%；香葱中含有特殊的硫化丙烯物质，具有增进食欲、预防心血管疾病和风湿病的保健功效；此外，据最新研究显示长期食用香葱可以减少胆固醇在血管壁上的沉积，阻止血液中的纤维状凝结。

垛田农活—挖芋头（李松筠/摄）

作为垛田的特色农产品之一，明万历十九年（公元1591年）修编的《兴化县新志》（欧志）卷二

《地理之纪·物产》中就有香葱的记载，说明兴化栽植香葱有据可考的历史至少已有400多年。

2006年国家质检总局批准了对兴化香葱实施地理标志产品保护，这对保护兴化香葱这一重要种质资源，加快全市香葱产业发展壮大，增加农民收入，全面提升兴化的知名度，发挥了重要的作用。经过多年的发展，香葱种植面积不断增加，在通过无公害农产品产地认证的3.1万亩耕地上，香葱面积已达2万亩。2011年，因香葱生产，垛田镇获农业部“一村一品”示范镇。

脱水蔬菜产业是兴化市的特色产业。脱水蔬菜产业基地位于垛田镇、城东镇，核心基地面积888.7公顷，被江苏省农委授予省现代特色产业基地，垛田镇已成为全国最大的蔬菜脱水加工基地和脱水蔬菜产品集散地。目前，垛田镇共有脱水蔬菜加工企业91家，占全市脱水蔬菜企业的80%之多，其中规模企业50多家，

兴化香葱种植基地

出口企业达40多家。垛田镇每年香葱的加工产品达10 000多吨，资产总额近10亿元；以“兴化香葱”为主导产品的脱水蔬菜产品，远销美国、日本、韩国、中国香港、中国台湾等30多个国家和地区，有“兴化香葱、香溢四海”之美称。

脱水蔬菜是劳动密集型产业，从种植、收货、运输、加工、包装、销售等各个环节都需要大量劳动力。仅垛田镇从事脱水蔬菜加工的人员就已经超过1万人，有效解决了农村剩余劳动力就业难题。

企业荣誉（李松筠/摄）

兴化香葱种植基地与脱水香葱加工厂（李松筠/摄）

（3）油菜　兴化垛田区域内油菜的种植历史较短，只有不到100年的时间，是垛田主要的越冬作物。

据1949年的统计资料，当时的油菜种植面积不到1万亩，到1957年发展到15 599亩。1987年兴化地区的油菜种植达到了19万亩，兴化地区的油菜种植一向以垛田地区为中心。

经传统工艺加工的菜籽油芥酸含量低于3%，不含胆固醇，有人体必需的亚油酸等不饱和脂肪酸和维生素E等营养成分，能够很好地被机体吸收，具有一定的软化血管、延缓衰老的功效，被称为“最健康的油”。

作为传统的蔬菜种植乡镇，垛田镇3.1万亩耕地通过省无公害蔬菜产地认定，并建成兴化香葱国家农业标准化示范区，4个蔬菜产品先后通过无公害农产品认证、2个通过绿色食品认证。2009年，“兴化出口蔬菜示范区”被江苏省农业委员会、江苏出入境检验检疫局公布为第一批江苏省出口农产品示范区。

垛田油菜（王虹军/摄）

作为兴化蔬菜种植与深加工的核心区，垛田镇政府通过组织实施农产品质量建设项目，建立健全全镇农产品质量安全监管、检测网络，构建覆盖全镇的农产品质量安全追溯系统，开展技术培训，通过推广使用低毒低残留农药等措施对保障原料蔬菜的质量，提升脱水蔬菜质量安全水平，进一步拓展国际、国内两大市场具有十分重要的意义。

菜籽油

3 水产养殖

兴化垛田系统“三分土地七分水”，水面资源较为丰富，盛产各种淡水鱼虾，且滋味鲜美，远胜它处，被誉为“江北淡水产品博物馆”。由于鱼虾蟹类混养尤其是虾蟹类混养模式的推广，实际水产养殖面积达235.88平方千米，是实际水面面积（27.9平方千米）的近8.5倍，大大提高了单位面积水域的利用率。水产养殖总产值达18亿元，其中虾蟹类产值占70%。

垛田镇水产养殖发展较早，水产养殖场已有一定规模。1983年起开发利用得胜湖，先后建成镇属兴化市第八水产养殖场、湖西口村属兴化市第十水产养殖场。1991年以后，全镇推广发展青虾、螃蟹、甲鱼等特种水产养殖，推行鱼蚌混

兴化垛田油菜

养、鱼虾混养、鱼蟹混养等养殖模式，大大提高了水产养殖效益（表9）。近年来，兴化水产养殖实现了从粗放到集约，从零星分散到规模经营的巨大转变。截至2013年，垛田镇已经先后建有得胜湖、旗杆荡、癞子荡三个大型养殖场，形成了池塘精养与河沟放养相结合的水产养殖体系。

2013年兴化垛田传统农业系统水产养殖情况

乡镇	鱼类		虾类		蟹类	
	养殖面积（平方千米）	产值（万元）	养殖面积（平方千米）	产值（万元）	养殖面积（平方千米）	产值（万元）
垛田镇	13.69	10 822.5	12.33	11 838	15.73	3 237
缸顾乡	14.23	10 530	15.67	13 511	19.83	10 892
李中镇	17.14	23 690	21.14	20 406	21.14	14 879
西郊镇	12.37	10 825	15.05	10 871	15.67	6 160
周奋乡	12.97	9 745	13.87	12 864	15.04	11 816
合计	70.40	65 612.5	78.06	69 490	87.42	46 984

（1）大闸蟹

兴化市被授予“中国河蟹养殖第一县”称号，其中有4个乡镇被授予“中国河蟹之乡”称号。2013年水产品总量将接近14万吨，其中河蟹产量达2万吨。大闸蟹是兴化特产，是中国地理标志产品。兴化大闸蟹品牌主要有“红膏”“板桥”等。其中红膏大闸蟹是兴化大闸蟹的典型代表，除了具有江苏蟹“壳青、肚白、金爪、黄毛”的共性特点外，还具有“膏红、肉鲜”的个

兴化大闸蟹（兴化市水产局/提供）

性特征，为国家地理标志产品，深受海内外消费者的青睐。

据《本草纲目》记载：螃蟹具有舒筋益气、理胃消食、通经络、散诸热、散淤血的功效。蟹壳煅灰，调以蜂蜜，外敷可治黄蜂蜇伤或其他无名肿毒。蟹肉有清热、化瘀、滋阴的功效，可治疗跌打损伤，筋伤骨折、过敏性皮炎等；此外，蟹肉内含有儿童身体必须的多种微量元素，是儿童的天然滋补品。

兴化美食（兴化市水产局/提供）

（2）淡水大青虾

据记载，兴化捕虾、吃虾的历史早在战国时期就开始了。清代书画名家、兴化人郑板桥有诗云："虾菜半肩奴子荷，花枝一剪老夫携"。

因兴化市独特的地理、生态环境，所出产的青虾色鲜、壳薄、肉厚、个大，被消费者誉为"兴化大青虾"。在全国水产品展销会上，兴化淡水大青虾曾被评为优良产品。兴化青虾不仅畅销宁、沪、杭、苏、锡、常等大中城市，而且远销日本、中国香港等国家和地区。用兴化虾仁烹制的上海"水晶虾仁"、杭州"龙井虾仁"，均优于其他地方产品，博得中外宾客的一致赞誉。当年，美国总统尼克松首次访华，在下榻的上海锦江饭店用餐时，兴化青虾就是他午餐时的美味佳肴。2001年在上海召开的APEC会议，也指定兴化青虾为大会食品原料。

淡水大青虾（兴化市水产局/提供）

目前，兴化已有“楚水”“千垛”“金沙沟”牌青虾获国家级无公害水产品质量认定，“楚水”牌大青虾获得中国绿色食品中心绿色食品标志许可使用认证，“楚水”牌青虾及其加工制品被确定为“江苏省无公害产品”和“江苏省名牌产品”。

1998年，兴化市建成江苏省第一个青虾养殖标准化示范区。2006年，农业部正式下达全国农业标准化实施项目《兴化市青虾高效生态养殖标准化示范区》，该项目以兴化市海南镇南蒋村、生态场、北蒋村、刘泽村、东荡村、西荡村、金储村、兴高村集中连片养殖区共13 500亩为核心示范区重点建设，推广垛田镇得胜湖养殖区域11 000亩。

在示范区的带动下，兴化市青虾养殖业发展迅速，青虾产量大幅度上升，青虾产值已占全市渔业产值的25%，青虾产量占全省青虾产量的1/6、占全国青虾产量的1/10，兴化青虾已成为渔业主导产品和优势产业，并在全国范围内产生影响。

（三）水乡旅游成规模

垛田地区独特的农业景观、良好的生态环境和多彩的民俗文化，是开发旅游产业的宝贵资源。菜花垛田、水上森林、湿地公园以及渔业生态园等著名景区，均处于农业文化遗产地保护范围内。利用垛田、湿地、水面、耕地这些优质资源，合理开展休闲农业、生态旅游等项目，既能促进当地经济发展，增加农民收入，也是传统农业资源动态保护的有效方式。

中国兴化千岛菜花旅游节已经成为享誉全国的新兴旅游亮点，千岛菜花入选2011年全国最美油菜花海影响力排行第一名。2013年垛田地区接待了旅游人口近两百万，从事旅游接待工作的当地居民有3 524人。在垛上耕作之余，从事旅游餐饮、住宿服务，使得当地百姓的生活逐步富裕起来。在对“千垛菜花”所在的缸顾乡农户收入调查中，家庭收入的近1/3来自旅游务工。此外，旅游业的发展也带动了当地农产品的销售，几年来，芋头、香葱、韭菜等价格翻了几倍。

近年来，兴化垛田借助垛田的独特景色与千垛菜花的资源优势，大力发展旅游业。兴化市缸顾乡东旺村是“千岛菜花风景区”核心区。2013年，第五届“中国・兴化千岛菜花旅游节”共接待游客达100万人次，同比增长6.7%，实现旅游总收入4.2亿元，同比增长7.7%，有力地带动了当地经济社会的发展；此外，旅游吸纳当地农村劳动力300人（占职工总数的85.7%），成为农村剩余劳动力就业的渠道之一。

2009年首届中国・兴化千岛菜花旅游节活动剪影
（兴化市旅游局/提供）

第二届中国·兴化千岛菜花旅游节活动剪影（兴化市旅游局/提供）

第三届中国·兴化千岛菜花旅游节新闻发布会（兴化市旅游局/提供）

其实，垛田并非有菜花时才美，春的垛田是金黄的恣情，菜花的海洋；那么夏秋冬的垛田，则是碧绿的宣言，仿佛是在晶莹的玉盘里，随意地丢下一把玲珑剔透的翡翠。明代所列的古昭阳十二景中垛田独占三景：两厢瓜圃、十里菱塘、胜湖秋月，说的就是不同季节的垛田美景。原新华社社长穆青断言：“垛田是二十一世纪的旅游胜地”。垛田地区的旅游开发，切实改善了农民的生活，也使他们更加意识到对遗产资源保护传承的重要意义。

（四）民间艺术多姿多彩

垛田这一独特的农业文化遗产，是人与水和谐相处的历史产物，是里下河地区水文化的突出代表。垛田地貌影响了垛田人的生存，所谓“垛上人”，不仅是指居住习惯，而且还包含了他们的活动方式，以及生活知识和生活观念。追忆垛田的过往，这灵秀的水、灵秀的垛，更吸引了历史上诸多文人墨客的驻足。

垛田境内的得胜湖、八卦阵、水浒港，以及发生在这芦苇荡里的抗金反元故事，正是施耐庵创作《水浒传》的渊源；扬州八怪代表人物郑板桥出生于垛田，其别具一格的“六分半书”，据说就是受了垛田耕地散而不乱、错落有致的启发。

施耐庵作品《水浒传》

郑板桥“六分半书”

这些文学大家的绝世才情与这方灵秀水土的交融碰撞，让人心驰神往。著名作家贾平凹来过垛田后感慨地说：“有如此灵性的垛田，施耐庵写出那部不朽之作《水浒传》也就不足为怪了。”

中国邮政于2013年5月19日发行《美丽中国》普通邮票6枚，《美丽中国·兴化垛田》邮票为其中之一。

垛田的民间文艺可谓是根深叶茂。其主要形式有以下几种：垛田庙会、高家荡的高跷龙、垛田歌会、垛田农民画、拾破画等，都有鲜活的地域特色和垛田风情。2002年，垛田镇成为苏北地区唯一被省命名的“江苏省民间艺术之乡”。

江苏省

民间艺术之乡

江苏省文化厅
2002.1

垛田艺术的美誉（兴化市垛田镇政府/提供）

垛田高跷龙（李松筠/摄）

❶ 垛田庙会

垛田庙会文化源远流长，是兴化地区民俗文化的一大特色。据不完全统计，目前兴化共有规模大小不一、形式内容各异的庙会组织近190家，分布在其所辖的30多个乡镇、2400多个自然村庄中。其中，东岳会、都山会也

被列为兴化市非物质文化遗产。垛田庙会历史悠久，庙会的产生和发展与当地各式寺、庙、宫、观密不可分，现存的规模较大的有景德寺、东岳庙、龙王庙、三清观等。据《兴化县志》记载，垛田庙会正式产生于清朝嘉庆年间（1769–1820年）。当时为推动当地经济贸易的发展，县府命令将民间小型庙会进行整合，组建成了十班大会如城隍庙会（五月十二日）、都天会（五月十六日）、龙王会（五月二十）等。各个庙会分别在一年中的不同时间举行，且均历时三天。垛田庙会参与人数非常多、形式内容也较为丰富，已经在当地形成特有的“庙会经济”，较有利地推动了当地经济发展及文化活动的开展。

❷ 高跷龙

高跷龙是垛田地区特有的一种舞蹈形式，它将惊险的踩高跷与热烈的龙灯舞融为一体，目前仅在兴化市垛田镇高家荡村发现有存在。据当地人介绍，高跷龙舞距今已有200多年的历史，其创始人名叫高德文。当年，为了丰富庙会内容、增强庙会吸引力，高德文提出了将高跷与龙灯舞相结合，并最终形成了“高跷龙”这一独特的艺术形式。垛田高跷龙因其独特的地域特色和文化底蕴，被评为第二批泰州市非物质文化遗产项目。

高跷龙的高跷高约1米，多用为杉木制成。所舞的龙与里下河地区的龙灯舞的龙在结构和整体形状上相同，但不同的是高跷龙的龙灯舞前面没有龙球引路，舞龙时动作、套式的变化和转换全由掌龙的人来指挥。受高跷的限制，高跷龙的动作套式一般只有大花、小花、寻阳背剑、九连环4套。一支高跷龙舞队由20多位成员组成，是一项需要个人技巧与群体配合相结合的表演。表演者需要同时账务踩高跷和舞龙灯两项技术才可驾驭这一可谓高精尖的民间艺术。

❸ 垛田判官舞

“判官舞”是流传于里下河一带的特色民间舞蹈，由巫舞、傩舞演变而成，是古代“傩祭”仪式中的一种。兴化自古地势低洼，常年受洪涝灾害影响。唐大历二年（公元767年），淮南节度使判官李承主张修建了常丰堰，有效地阻挡了东部海水的倒灌，保障了兴化洼地地区农业生产和农民生活。为了纪念这位为民造福的判官，兴化本土的傩舞逐渐演变成“判官舞”，清朝中期尤为兴盛。判官舞可分为神降福许愿类、酬神还愿类、娱人类和憎恶类四大类，相互之间在表演项目、动作等方面各不同相同。

“判官”有文判、武判两种，二者在服装、道具及表演动作上均有所不同。文判多身着蟒袍，面戴判官面具和黑、白毛胡须，手执斗笔及“生死簿”。武判的表演场地不是平地，而是由四个壮士抬的高椅架上，跌叉、展翅、翻筋斗、翻扑倒立、倒挂油瓶等一系列高难度的表演均在高架椅上完成，所以也被称为“抬判”。在着装上显著区别于文判的当属插在背部的旗子。“判官舞”伴奏的音乐一般使用民间曲牌和民间小调，如“八段景”、“苏武牧羊”等，所用的乐器主要有二胡、笛子、唢呐、月琴、堂鼓、响板、锣、钹等。

❹ 垛田农民画

垛田民间传统绘画，多取材于神话或历史人物，构思巧妙，稚拙中见古朴，粗犷中见流畅，艳丽中见明快，具有独特的艺术风格，形成了别具一格的“垛田农民画”。垛田农民画作品以表现农村现代生活或田园风光为主，立意好，有深度，具有较强的艺术性、装饰性和观赏性。

农民书画展

芦洲东岳庙会举办成功
芦洲中心街
东 LUZHOUZONGXIN JIE 西

垛田庙会（吴萍/摄）

❺ 麦秸工艺

明清时期，麦秸民间工艺在兴化非常普及。当时流行这样两句民谣：“里下河地区千万家，家家能用麦秸作字画”。麦秸民间工艺可分为编织、剪贴两大类。编织分为实用型、艺术型两个谱系，剪贴分为平面壁画和浮雕壁画。兴化邢新宏继承祖母绝技，不断挖掘创新，近年创作的麦秸工艺品浮雕作品有《腾飞》《宠物》《树木花草》等，立体作品有《螳螂捕蝉》《十二生肖》《老鹰》《喜鹊》《黄鹂鸟》等。

舞武判（吴萍/摄）

拾破画
（兴化市垛田镇政府/提供）

垛田农民画
（兴化市垛田镇政府/提供）

兴化的麦秸民间工艺

四
品味水乡泽国的
地域风情

兴化地区早先受楚文化的滋养，后又融入吴文化的内涵。深厚的文化积淀，造就了众多文人雅士，也孕育了丰富的民间艺术。垛田邻城而居，老百姓又常进城卖菜买货，能较多较快地接受文化信息的辐射。这里曾留下大文学家施耐庵的足迹，又是“扬州八怪”郑板桥的出生之地，晚清有“琼林耆宿”王月旦。得益于此，垛田的民间文艺可谓是根深叶茂。

（一）品味水乡民风民俗

1 农船迎新娘

垛田地区的婚俗还保留着一些传统的风气，最具特色的是用“轿子船”迎亲。垛田河道纵横交错，人们出门总离不开船，因此撑轿子船成了迎娶新人的一个重要环节。因为过去都是行船接新娘，又多用轿子，故称“轿子船”。过去的轿子船都靠人来行，或篙或桨，不管路途远近，也不管什么天气，只要轿子船动身，就须一鼓作气行完全程，中途是不可停靠休息的。

垛田风俗——农船迎新娘（班映/摄）

❷ 水乡节日习俗

垛田人重视传统节庆，春节、清明、端午、中秋这些节庆活动会有各不相同的内容和程式，而且一直延续至今。与兄弟乡镇相比，富有创造性的垛田人有着更为丰富独特的节日习俗。如垛田人的除夕，年夜饭除了和兴化其他地区相同的菜肴以外，还有吃芋头的习惯，寓意“来年遇好人、遇事有贵人相助”，更有“啃大芋头”，发大财、赚大钱的意思。垛田人的年夜饭也讲忌讳：一是不吃鸡、鸭，说是吃了鸡、鸭就会“鸡争鸭斗”，有口舌之患，争吵不断；二是不能泡汤，“泡汤”一词在垛田人口语中是指办事失败，更有“出门遭雨”之说，因为垛田人经常出门卖蔬菜，路上不能遇雨；大年初一过新年，人们或者走亲访友、拜访长辈，或者参加舞龙、舞狮、送麒麟、挑花担、打莲湘等娱乐活动。

送麒麟

打莲湘

❸ 茅山会船节

茅山会船竞赛的习俗起源于南宋，是茅山地区人民协助山东义民在茅山缩头湖大败金兵的一段真实历史。每年清明节，水上竹篙如林，百舸竞发，场面蔚为壮观。

茅山会船节

明嘉靖年间，倭寇入侵扬州里下河地区，为保家卫国，溱潼、茅山、顾庄一带民众纷纷组织会船队，协助官兵杀敌，后遂演变为一年一度清明节撑会船的起因。另有撑会船的寓意是溱潼、茅山、顾庄等地老百姓，为在反金战争中死亡的山东阵亡之义民的无主坟进行祭扫，以寄哀思。

❹ 段式板凳龙

段式板凳龙是指在板凳上用布缠成龙形，三人操持舞蹈。后来在杠子龙、扁担龙、板凳龙等表演形式的基础上，经过整理、糅合、加工、编排，形成游龙形段式“板凳龙”舞。这种龙舞表演形式多样，可长可短，长短结合，合分辉映，既可在室内舞台表演，也适合在大型广场表演。

❺ 建筑文化

“垛上垛，随你住”，这是垛田人的口头禅。这句话的意思是说垛田的垛子高，随便找个地方都能够建房居住，不必担心受涝。垛田自古以来地少人多。过去，大多数人家住的都是又矮又小的泥墙草房，有的还是“丁头府”。丁头府，是由于地形的限制，建成的一种南北长、东西短，但屋门仍然朝南的房子，一般是土墙，茅草房，很矮小。人们依垛建房，择便而居，村庄往往东一堆、西一摊，一概面南而居，向阳而建，街不宽、巷不直，显得有些松散而凌乱。

从20世纪80年代起，农村实行联产到劳，再到土地承包，人们的经济收入和生活水平逐步提高，住房条件也得到改善，大多住进了混凝土结构的楼房。这个时期，“三间一厨房，大瓦砖头墙”成为垛田的主流居住模式。“三间一厨房”，就是正屋三间，中间为堂屋客厅，两侧为房间，正屋外建有厢房式的厨房，多建有围墙、大门（院门）；“大瓦砖头墙”，指的是用砖块砌墙，用大瓦盖顶，屋架多为木料“七架梁”，属于砖混结构的人字顶平房。现在，不少农家都建起了混凝土结构的楼房，上下两层，每层两间，上盖琉璃瓦坡形屋面，一般都有200多平方米，屋内客厅、房间、厨房、卫生间设施配套，大多数人家装有空调、冰箱、彩电、洗衣机，甚至还有电脑等电器。

6 传统服饰文化

旧时，垛田人的衣料多为麻布，俗称“麻布衣裳”，也称“夏布衣裳”，这都由妇女自己动手制作。麻布的原料是苎麻，苎麻自己种植，成熟收获后，经剥皮、浸泡、捶打、分丝、捻接，成为麻纱；将麻纱拉成经线，放到自家的木制纺织机上，“唧唧复唧唧”，一梭一梭地织出麻布来。麻布要染色，颜料也是用自家地里长的叫蓝靛的植物沤制而来。这种麻布衣服较硬，但透气性好，最适宜夏天穿着。当时，人们的穿着比较单一，男女老少大多穿着“大襆头”“和尚襆”的褂子或棉袄，裤子是简腰、大腰身、大裤筒的“光光套”。男人们劳动时，还喜欢穿一种叫“满裆”的裤子，这种裤子的腰围特别大，裤裆也大得出奇，可以系在棉袄上面，很适合垛田人的劳动。到了民国时代，市面上出现了“湘沅纱”“洋布”等面料，价钱较贵，只有一些富裕人家购买做衣。

20世纪50年代以后，府绸、咔叽、灯芯绒等布料，卖布料的布店都逐渐增多，人们也逐渐放弃自纺自织，更多地购买“洋布”缝制衣服。70年代以后，面料出现了化纤制品的确良、涤卡，还有“全毛”“混纺”等，花样繁多，人们选择布料的空间进一步扩大。同时，缝纫机逐渐普及，裁缝店不断增多，人们开始到布店买布料，将布料送给裁缝店，缝制中山装、学生装、衬衫、西裤来穿。“文革”期间，与其他地方一样，军装成了垛田人的“时装”，男的穿，女的也穿，“一片绿”一度成为街头巷尾一道风景线。此后，改革开放，生活渐好，垛田人的服饰也走进“流行”时代。如今，人们都以习惯于去服装店选购衣服，款式、颜色、面料各取所需、各取所爱，百人百衣，百花齐放。

过去，男人穿方口或圆口布鞋，妇女穿尖头滚边鞋，大姑娘穿双边绣花鞋，

小孩子则穿虎头鞋。夏天穿木板鞋，冬天则穿“草鞋”或“蒲鞋”。劳动时穿旧布鞋、球鞋，冬季到湖荡里剐草时又换成了“木板鞋”或“木桶鞋”。雨雪天，人们会穿上“钉鞋”，这是一种用厚布特制的防雨鞋，外敷桐油，鞋底布满鞋钉，很笨重，在砖街上走路，会发出“呱啦呱啦”的响声。后来，这种钉鞋被逐步淘汰，人们在雨雪天穿上了胶皮“套鞋”、胶皮雨靴。现在，鞋类商品丰富，群众收入增加，人们平时都穿上了皮鞋、运动鞋、耐克鞋及各种各样的休闲鞋。

旧时，垛田的男人大多头戴毡帽、礼帽，后来逐步演变为便帽、呢帽、军帽，绒帽。如今，很多人不爱戴帽，戴帽者多为老人，有绒帽、线帽、呢帽等。而劳动者，不管春夏秋冬，一般都要戴帽。夏秋季节，田间劳动者一律戴斗篷，也叫“凉篷”。斗篷用苇篾手工编制，边沿浑圆，顶上高起，有尖角，外形有点像喇叭，其原料取自湖荡之中的芦苇。后来，湖荡开发，芦苇被毁，人们都到店里买来草帽戴着。田间劳动的妇女，一年四季都头扎方巾，有红、黄、绿、蓝四色，年老的，一般为蓝绿两色，年轻一些的，或红或黄，以红色居多。一位头顶红色方巾的妇女，站在碧绿的蔬菜地里，真有“万绿丛中一点红”的美感。

（二）畅游醉人旖旎风光

“千垛纵横碧水烂漫，万亩花海波光潋滟。”每到四月，垛田便是这样一幅无限美好的壮丽画卷。八方宾客不远万里慕名而来。有来自全国各大城市的好友，也有来自日本、韩国、美国等世界各国的宾朋，有参团组团的采风创作，也有自驾游的欢声笑语。漫步在油菜花海中，穿行于万湾河道间，风光旖旎，心荡神驰。花的清香、泥土的芬芳，让人不由得想去亲近自然、拥抱自然、享受自然，沐浴在四月的春日气息里，醉倒在水乡的温柔怀抱中。

兴化垛田所展示的水乡美景，是与传统概念中那种小桥流水、碧瓦青墙的水乡所迥然不同的，垛田带给我们更多的是一种天然野趣，一种人与自然的和谐之美。也许正如搜狐网《江苏旅游》栏中所推介的那样：“真正意义上的水乡在兴化垛田”。这不仅是它的经济价值所决定的，而且是由垛田不可替代的科研价值、深厚的文化底蕴与绝美风光所共同决定的。

壮丽的垛田景色

“河有万湾多碧水，田无一垛不黄花。”垛田地区“三分土地七分水”，水是垛田地区的命脉，使这里充满生机。由于其独特的水土利用方式，她所展示的水乡美景，是与传统概念中那种小桥流水、碧瓦青墙的水乡所迥然不同的，垛田带给我们的更多是一种天然野趣，一种人与自然的和谐之美。

垛田的水土利用，系统采用空间上多层次、时间上多序列的复合方式。在空间结构上，充分利用不同空间资源，种植蔬菜，发展渔业；在时间序列上，根据间作物生长特性，按不同季节，采用多熟制，充分利用土地和光能资源。如此巧妙合理的土地管理，塑造了变幻多彩的自然景观。

兴化垛田景观丰富，菜花垛田、水上森林、湿地公园，万湾河道间，风光旖

旎。这里独特的地貌、良好的生态环境以及传统的渔耕景观吸引了八方宾客不远万里慕名而来。

明代弘治初年，发端于元代的“昭阳八景”扩展为“昭阳十二景”，即阳山夕照、三闾遗庙、木塔晴霞、景范明堂、沧浪亭馆、玄武灵台、胜湖秋月、东皋雨霁、龙舌春云、南津烟树、十里莲塘、两厢瓜圃。其中，垛田境内就有三处：十里莲塘、两厢瓜圃、胜湖秋月。

❶ 十里莲塘

“十里莲塘”景区位于兴化城东车路河以南、姜兴河以东、渭水河以西，大

（李松筠/摄）

部分地区属于今天的垛田镇，于明朝被列入“昭阳十二景”中。这一带为湖荡沼泽集中分布区，区域内散落分着癞子荡、旗杆荡、高家荡、杨家荡、南荡等多个大小各异的湖荡，自然景观美不胜收。

兴化先民最初多以捕鱼为业，同时在浅水地带栽藕、深水长菱，并在露出水面的土墩高阜上种植瓜果蔬菜和五谷杂粮。唐宋时期，许多湖荡水深下降，于是人们便利用部分干涸的河床进行垦荒，形成了“千沟万壑芙蓉国，隔岸纵横瓜果地”的景象。兴化知县凌登瀛曾赋诗一首赞美十里莲塘，曰：“我爱周夫子，结庐濂溪下。坐对君子花，晓来露盈把。冥心游太和，玄言手自写。尘世慕繁华，焉知此潇洒？悠悠昭阳滨，余亦同心者。”

据《兴化县志》（胡志）记载：“自周武王时从泰伯之封为吴，迄春秋皆为吴地”，由此可见，历史上兴化一带隶属吴国长达728年，因此当地也留传下来许多吴地的风俗习惯，最为典型的当属每年夏秋季举办的采莲（菱）活动。采莲（菱）活动也为众多文人墨客所青睐，如清代兴化诗人周渔的《采菱曲》则反映了垛田采菱女子对爱情的美好向往和执著追求：“采菱莫采角，菱角芒于针。不堪刺衣带，时时刺妾心。采菱莫采根，菱根随水长。郎行不弃妾，妾愿随郎往。”此外，吴歌《采莲曲》也是采莲活动时的必唱曲目：“风起湖难渡，莲多摘未稀。棹动芙蓉落，船移白鹭飞。荷丝傍绕腕，菱角远牵衣……”。

❷ 两厢瓜圃

“两厢瓜圃”大致分布在车路河两岸（故为两厢）的地区，这一区域也是垛田的集中分布区，集中连片分布着各类蔬菜、水果等，被誉为兴化及周边地区百姓的“果盘子”“菜篮子”。

“两厢瓜圃”得名于明弘治初年户部侍郎杨果。相传，当年在礼部会试中独占鳌头的“会元”、户部侍郎杨果在其返回家乡兴化时，看到垛田之上瓜果累累的繁荣景象，便赋诗一首：“东陵五色旧相传，九彩今看亚两川。雨后婆娑新蔓立，风前娜袅乱花翩。味甘朱火怀王母，色烂金缃忆傅玄。为爱纤缔承白玉，挂冠须筑邵平田。”并将这一地带命名为“两厢瓜圃”，一并列入“昭阳十二景”之中。

据《重修兴化县志》（梁志）记载，“两厢瓜圃”景区内还盛产一种现已失传的曾经列为贡品的珍品瓜果——露果。清嘉庆六年（1801年），当时担任两淮都转运使的曾燠在扬州品尝到由兴化县教谕史炳（号恒斋）赠送的露果后赞不绝口，并赋诗一首，名为《谢史恒斋赠送兴化所产露果》：“孤生材易遗，此物吾未知。乍叨故人惠，深感皇天慈。滨海生子薄，地穹天济之。甘露一以霖，雨足阙都弥……谁能盛露去，偏洒千杨枝。物物成善果，兆姓无夭疵。君吟蔓草诗，我蒙素餐讥。连朝得瑞雪，聊慰君所期。”明万历九年（1581年），兴化知县凌登瀛在读了杨果的《两厢瓜圃》诗后，前往兴化地区一览诗中的美景，并在亲临垛田美景后，赋诗一首：“种瓜青门外，蔓叶萋以绿。瓜熟食贫人，离离子相续。凯风自南来，冰盘荐寒玉。顷刻气候改，蟋蟀鸣声足。行以无太康，诗有遗俗。”

3 胜湖秋月

“胜湖秋月”描述的是位于兴化城东6公里，方圆20平方公里的得胜湖景色，是集名胜古迹、人文景观、自然风光和古代水战场于一体的湖泊。这里曾是许多可歌可泣的反抗强暴、抵御侵略的正义战争的战场所在地，因此受到诸多名人及市民的敬仰。为纪念抗金、反元等的英雄烈士，人们会定期以观赏湖水、秋月为名，成群结队乘船来到这里。秋天是游览得胜湖的最佳时节，夕阳呼应着丛生的芦苇，倒影在清澈的得胜湖水面上，静谧的美景很是让人留恋忘返。

“胜湖秋月”自古便颇得文人雅士的青睐，是诸多文人墨客笔下的常客。明洪熙元年（1425年），兴化籍进士高谷在游览得胜湖时，对“胜湖秋月”重加命名，并将列入“昭阳十景”中，并赋诗一首：“小船摇碧接孤城，月色澄秋分外明。光澈玉壶栖鸟定，影沉金镜蛰龙惊。渔舟未许张灯卧，吟客惟宜载酒行。何处一声吹短笛？误疑身世在蓬瀛。”明万历九年（1581年），兴化知县凌登瀛曾赋诗吟咏古代水战场：“瀛湖薄东溟，湛湛注凝碧。轻阴霁秋宵，皓月腾幽魄。素影射寒波，悠然荐虚白。卧龙忽惊起，满把玄珠掷。我将托素心，乘流信所适。”

清雍正三年（1725年）至七年（1729年），“扬州八怪”之首郑板桥创作了著名的《道情十首》，即《板桥道情》，其中的第一首便是描绘了“胜湖秋月”的旖

旎风光，表达了对隐居生活的向往和对当时现实社会的不满："老渔翁，一钓竿，靠山崖，傍水湾，扁舟来往无牵绊。沙鸥点点轻波远，荻港萧萧白昼寒，高歌一曲斜阳晚。一霎时波摇金影，蓦抬头月上东山。"

清代"扬州学派"代表人物任大椿先生为赞美"胜湖秋月"的景色，创作了《得胜湖怀古》："湖阔草根白，客泪洒天表。大厦已不支，胜败勿复较。月照将军心，秋风挟秋到。平湖不听天，气候皆自造。低星避弱水，查竟塞上草。"

兴化千岛菜花的绮丽景观被选为2011年全国最美油菜花海影响力排行第一名。自2009年至2013年，连续举办的五届的兴化千岛菜花旅游节，吸引了数百万游客。"船在水上行，人在花中走"的景象已经成为兴化垛田地区的名片，让中外游人称赞不绝。

（三）聆听水乡诗词歌赋

1 船娘

无数个四面环水的“小岛”上，长满了金黄色的油菜花。一条条纵横交错的小河里，一个个头扎各种颜色方巾的船娘们，一边划着载着游客欢声笑语的小木船，一边唱着里下河水乡的民间小调，这就是一群被称为“船娘”的垛田妇女。在垛田地区，从事农业的人口中有一半为女性，她们不但是支撑农业生产持续发展的主力，而且在乡村旅游火热以后，积极地参与到旅游接待活动中，往往是实行导游、船娘、戏曲小唱演员“一肩挑”。在原生态的千垛油菜花自然景区，船娘哼着戏曲小唱穿梭其中，成为垛田里一道亮丽的风景，深受游客喜爱。

船娘（班映/摄）

❷ 板桥道情

由扬州八怪之一郑板桥先生，经过二十多年的创作、修改而成。数百年来，“板桥道情”以其俊逸悠远的风格和超凡脱俗的情怀，受人喜爱。演唱者常手持渔鼓简板敲打节拍边演边唱。唱词的特殊格式是《耍孩儿》曲调结构，每段有8句唱词，每句为3+3+2结构，演唱时采用宫调式和羽调式交替进行。

板桥道情 （孙雪萍/摄）

《道情》十首

老渔翁，一钓竿，靠山崖，傍水湾；扁舟来往无牵绊。沙鸥点点轻波远，荻港萧萧白昼寒，高歌一曲斜阳晚。一霎时波摇金影，蓦抬头月上东山。

老樵夫，自砍材，捆青松，夹绿槐；茫茫野草秋山外。丰碑是处成荒冢，华表千寻卧碧苔。坟前石马磨刀坏。倒不如闲钱沽酒，醉熏熏山径归来。

老头陀，古庙中，自烧香，自打钟；兔葵燕麦闲斋供。山门破落无关锁，斜日苍黄有乱松。秋风闪烁颓垣缝。黑漆漆蒲团打坐，夜烧茶炉火通红。

水田衣，老道人，背葫芦，戴袱巾；棕鞋布袜相厮称。修琴卖药般般会，捉鬼拿妖件件能，白云红叶归山径，闻说到悬崖结屋，却教人何处相寻。

老书生，白屋中，说黄虞，道古风；许多后辈高科中。门前仆从雄如虎，陌上旌旗去似龙。一朝势落成春梦。倒不如蓬门僻巷，教几个小小蒙童。

尽风流，小乞儿，数莲花，唱竹枝；千门打鼓沿街市。桥边日出犹酣睡，山外斜阳已早归。残杯冷炙饶滋味。醉倒在回廊古庙，一凭他风打雨吹。

掩柴扉，怕出头，剪西风，菊径秋；看看又是重阳后。几行衰草迷山郭，一片残阳下酒楼。栖鸦点上萧萧柳。措几句盲词瞎话，交还铁板歌喉。

邈唐虞，远夏殷。卷宗周，入暴秦，争雄七国相兼并。文章两汉空陈迹，金粉南朝总废尘，李唐赵宋慌忙尽。最可叹龙盘虎距，尽销磨《燕子》、《春灯》。

吊龙逢，哭比干。羡庄周，拜老聃，未央宫里王孙惨。南来薏苡徒兴谤，七尺珊瑚只自残。孔明枉作那英雄汉，早知道茅庐高卧，省多少六出祁山。

拨琵琶，续续弹，唤庸愚，警懦顽，四条弦上多哀怨。黄沙白草无人迹，古戍寒云乱鸟还，虞罗惯打孤飞雁。收拾起渔樵事业，任凭他风雪关山。

③ 茅山号子

兴化茅山号子是兴化水乡劳动号子的一种，在苏中里下河，甚至全国久负盛名。茅山人民在生产劳动中，用号子形式配以号词，激发情绪，抒出胸意。相传，茅山地区的劳动号子是秦始皇时期参加长城修建工程的一位茅山籍民工带回到兴化一带来的。经过千百年的代代相传与创新，逐渐形成了今日这一具有浓厚的民族特色和地方韵味的茅山号子。茅山号子以舒缓悠长的音调旋律，明快有力的音乐节奏，快慢自由的演唱速度，分合有致的歌唱形式，形成了高低协调、咏叹自如而独特的民歌风俗。演唱形式为一人领唱、多人搭腔。茅山号子从音乐结构上可分为长号子、短号子；从所表现的劳动形式上看主要有车水号子、栽秧号子、薅草号子、挑担号子、碾场号子、掼把号子、牛车号子等。

茅山号子可以称得上是江苏民族音乐中的一块瑰宝，也是兴化市的国家级非物质文化遗产。茅山号子多次世界青年联欢节、全国音乐周、欢乐中国行等众多文娱活动中崭露头角并获得诸多赞誉。现今，为更好实现茅山号子的传承，当地已将39首茅山号子编印成册，在兴化市广大中、小学生中演唱。此外，茅山镇每年还举办一次茅山号子竞赛活动，不断提高演唱水平。

④《梦水乡》

《梦水乡》是著名词作家阎肃、作曲家孟庆云为兴化度身定做的歌曲。首次“出镜”是在2003年10月29日的第六届中国板桥艺术节。

整个歌曲围绕“两个主线、一个中心”展开。“两个主线”是指兴化丰厚的历史文化底蕴，兴化“鱼米之乡”和国家级生态示范市；“一个中心”是指兴化农民实实在在的小康生活。

当江苏前线歌舞团的著名女歌手朱虹唱完此曲，台下掌声雷动。人们普遍觉得，《梦水乡》歌词儒雅而精练，旋律柔美、抒情、朗朗上口。

梦水乡

《梦水乡》

词：阎 肃

曲：孟庆云

笑望海光月，轻扣板桥霜
微风摇曳竹影，我的梦里水乡
笑望海光月，轻扣板桥霜
微风摇曳竹影，我的梦里水乡
万亩荷塘绿，千岛菜花黄
荟萃江南秀色，我的甜美故乡
万亩荷塘绿，千岛菜花黄
荟萃江南秀色，我的甜美故乡
绿色兴化情系八方

碧悠悠的岁月，暖烘烘的心肠
总把美丽融进水上森林
赠你一路芬芳
绿色兴化 扬帆远航
新崭崭的面貌，实在在的小康
奋举勤劳 双手点燃朝霞
托出兴旺富强
笑望海光月，轻扣板桥霜
微风摇曳竹影，我的梦里水乡

笑望海光月，轻扣板桥霜
微风摇曳竹影，我的梦里水乡
万亩荷塘绿，千岛菜花黄
荟萃江南秀色
我的甜美故乡……故乡
万亩荷塘绿，千岛菜花黄
荟萃江南秀色，我的甜美故乡

5《三十六垛上》

“一条条小河哟，流过三十六个垛，水恋垛啊垛恋水呀……”这是音乐电视片《歌声洒满三十六垛上》中的歌曲《三十六垛上》，由虞嘉梓、董景云写词，江苏著名作曲家陶思耀作曲。这首歌曲以“三十六垛”为背景，用新民歌的体裁，展示了水乡儿女纯真的爱情、淳朴的情感，歌词朴实、纯情，旋律优美动听。这首甜美的歌曲已拍摄成音乐电视MTV。

三十六垛上（李松筠/摄）

一条条小河哟，流过三十六个垛
哪一个垛上住着，住着我的哥哥
水连垛田啊垛恋水呀
哎呀我的哥哎呀我的哥
你可猜出妹妹的愁，猜出妹妹的愁
一声声渔歌哟，飘过三十六个垛
哪一条船上住着，住着我的哥哥
鱼戏水啊水戏鱼，哎呀我的哥哎呀我的哥
你可听懂妹妹的歌，听懂妹妹的歌
一阵阵秋风起，吹过三十六个垛
湖上住着我的哥哥，住着我的哥哥

一阵阵秋风起，吹过三十六个垛

湖上住着我的哥哥，住着我的哥哥

月望水啊水映月，哎呀我的哥哎呀我的哥

歌声洒满垛，哎呀我的哥哎呀我的哥

歌声洒满垛，歌声洒满三十六个垛

《三十六垛上》拍摄（李松筠/摄）

（四）名士难解垛田缘

兴化历史悠久，据南荡出土的文物考证，境内人类生存史可追溯到新石器时期，距今约4000多年。沧海桑田、斗转星移，这方神奇的土地孕育了一批又一批人杰，名闻遐迩。

郑板桥（1693—1765），原名郑燮，字克柔，号板桥，也称郑板桥，兴化市人。清代著名画家、书法家；“扬州八怪”之首，以“诗、书、画”三绝闻名于世。郑板桥出生于兴化市东城湾古板桥郑家巷，在乾隆元年之前一直居住在那里。

郑板桥作品

施耐庵（1296—1371），原名施彦端，字肇端，号子安，别号耐庵，兴化大营镇施家桥村人。元末明初作家。为纪念这位伟大的作家，兴化人在其故里兴化市东北部的新垛镇施家桥村修建了施耐庵陵园。

刘熙载（1813—1881），字伯简，号融斋，晚号寤崖子，江苏兴化人。清代著名文学家，被誉为“东方黑格尔”，是我国19世纪时期的一位文艺理论家和语言学家。著作有《艺概》、《昨非集》、《四音定切》、《说文双声》、《古桐书屋六种》、《古桐书屋续刻三种》。其中以《艺概》最为著名，是近代一部重要的文学批评论著。

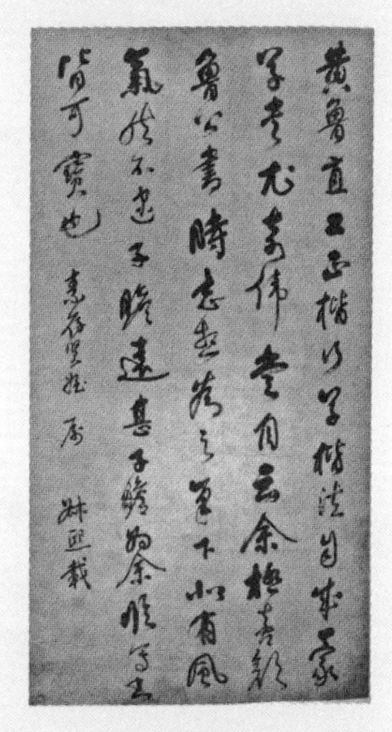

刘熙载作品

李鱓作品

李春芳（1510—1584），字子实，号石麓，江苏兴化人。嘉靖二十六年进士，经6次升迁，于嘉靖四十四年（1565）为礼部尚书加太子太保兼武英殿大学士入阁拜相，成为中国历史上为数不多的状元宰相。

李鱓（1686—1762），字宗扬，号复堂，又号懊道人，江苏兴化人，与邑人郑板桥同为“扬州八怪”。康熙五十年中举，乾隆三年任山东滕县知县，后辞官至扬州以卖画为生。与郑板桥关系非常密切，故有“郑卖画扬州，与李同老”的说法。李鱓先后曾向同乡魏凌苍、蒋廷、高其佩学画山水，画风多变。并扬州受石涛笔法启发，以破笔泼墨作画，形成水墨相融的独特绘画风格。李鱓擅长行草，喜欢在其绘画作品上题字，“博学能文，善诗书”，艺术风格独特。其作品对晚清花鸟画产生了较大影响。

禹之鼎（1647—1716），字上吉，号慎斋，又号“涛上渔人”，兴化昭阳镇人。他是兴化明代诗人禹龙（字子化）的后裔，是清初著名的肖像画大师。主要作品有《骑牛南还图》、《放鹇图》、《王原祁艺菊图》等。

禹之鼎作品

五

一览垛田四时农耕技艺

由于垛田地理地貌的独特性，现代化的耕作方式无法全面推广，从而保持着原有的地貌特征和以舟代车的劳作景象，以及罱泥、扒渣、搅水草等传统的农耕方式。

（一）独特的留种方式——搁种法

秋天是收获的季节，留种以备来年耕种是一项非常重要的任务。

垛田人对于瓜果蔬菜的留种有一套特有的留种规则与方法。对瓜类的选种，当地农民往往就在瓜地里选择完全成熟的、个头大的，用刀劈开后，把种子从里面扒下来，用锅堂里的草木灰拌成饼状，再像贴烧饼一样贴到朝阳避雨的墙上，等到第二年播种的时候再从墙上取下来。

对球根种子如芋头的选种，垛田人独创了“搁种法”。在芋头成熟时，农民将经过精挑细选的种芋先在太阳下晒两天，再移到室内种床上贮藏。种床，是在房梁上或者闲置的小屋里，用竹棒木棍搭架，垫上芦帘，种芋就平铺之上。在近半年的贮存期间，至少要把这些种芋全部翻动两遍，同时剔去个别坏的。入冬后，用一层草帘覆盖在种芋上，保温防冻。到了来年早春时节，还要对种芋进行催芽，将它们移进苗床。苗床，是一个一米多宽、三十来厘米深的长方形浅坑，且多位于避风向阳的地方。坑中先铺上一层特别制作的营养土，把种芋移植进去，再覆上一层薄薄的营养土，每天浇水，夜里冷时还要在苗床上盖好草帘。五月份油菜籽收获之后，种芋长出了两三片叶子，便可移植到准备好的田块里。与常用的“窖藏法”留种方法相比，用这种方法留出的芋种，出芽率高、生长后劲足、病菌少、产量高。

（二）传统浇灌方式——戽水

戽水瓢

垛田主要种蔬菜，蔬菜的生长离不开水，给庄稼浇水，又称戽水，是垛上的主要农活。戽水的工具是“戽水瓢”。戽水瓢由两部分组成：瓢头和瓢柄。瓢头由白铁皮制成，是个多面体，后部见方，是盛水的；前部是个向上翘的斜面，口部呈弧形。瓢柄多由竹竿制成，直径3~4厘米、长2米左右。戽水瓢是垛田特有的浇水工具，轻巧，实用，能将水浇得远、洒得开。

戽水（吴萍/摄）

垛田戽水有三个要点："远""洒""匀"。"远"，由于垛田较高且较宽，水必须要浇的远。"洒"，蔬菜尤其是刚长出来的苗和刚栽下去的苗秧娇嫩，怕水冲，因此浇水要讲求"洒"，使泼出去的水像雨点一般洒向地面。"匀"，一是指要根据苗青、墒情和气候，来决定浇水量的多与少，该透的透、该湿的湿，有的则只需要洒一洒；其次，同一块土地、同一类作物每次戽水的量要均匀，避免浇过之后存在干一块湿一块、轻一片重一片的现象。

垛田人只要是下田干活的，一般都要带上个戽水瓢，个个都会戽水，这是基本功。当然，同样的任何事情一样，戽水也有技艺的高低。经验老到、技术高超的老农，戽水时不紧不慢，瓢满水匀，气定神闲，面无疲惫。一般人戽水，脚坎上免不了潮湿泥泞。

戽水，终究是件体力活。特别是在烈日炎炎的盛夏季节，戽水是很辛苦的。但是，兴化人能从辛苦的劳作中体味乐趣，这也让我们看到的不是辛苦，更像是舞动的艺术。

（三）“肥”从水中来

1 罱泥

罱泥是兴化垛田传统的集取肥料的方式，即使用特有的工具，在湖荡河沟的水中捞取河底淤泥用作肥料。并不是人人都会罱泥、都能罱泥，因是重体力活，所以多数是体力大者才能上船。

罱泥的工具很简单，一条船，一根竹篙，一张扒刀或泥夹子，扒刀挡子，两把汲泥的戽斗。其实，扒刀和泥夹子就是泥罱子。扒刀是由一个底座和一根竹篙组成的，底座是个大半圆，直径一般在50厘米左右，用竹片拼接而成，切面有根5厘米宽的铁片，扒泥时起主要作用；圆弧上有10厘米左右高的墙子，用劈开泡水后的芦柴做成墙子，成为一个“兜”，泥进去后就不会散掉。而泥夹子就不一

罱子（李松筠/摄）

罱泥

样了，它由两根竹篙加两个刀口和尼龙网组成，两根竹篙下端弯成弧形，形状像医用弧形的钳子，将其张开后可以在水里推，又像现在夹河泥的重型机械，遇烂泥多的可以直接在水里把泥夹上船。

罱泥要有人在船的后舱“拿船”，可以是中等劳力或妇女，只要会撑船、懂船性就行，否则在罱泥时就会被逼下河。“拿船”的还有一项任务，一船泥罱满了，要把船撑到泥塘那里，撑船途中罱泥的人可以躺在前舱休息。

罱好的泥撑到泥塘两头都要带好桩子，然后再用戽斗戽到泥塘里。如果遇到崩坍大的还要有人“戽二道坝”。崩坍大是指河坎子塌，从船上一次戽不到泥塘里，就在河坎子的中间开一个方塘，再由人往上戽。

那时要想罱一船泥，要撑到很远的地方，农田附近的生产河里基本是罱不到的，河床都是黄泥板子，河水碧清的，可以直接饮用，扒刀上装刀口就是要在河床上刮泥。不仅如此，撑船的竹篙上还要装上篙簪，不然撑船时会一不小心随竹篙滑动跌到河里。篙簪有两根指头大小的尖齿，不仅能扎进河床，稳住船身，而且能使竹篙受力，行驶快又保证安全。

罱泥虽说很苦，但能从中找到乐趣，春季和冬季罱一天泥经常会扒（夹）到一些小鱼小虾，甚至鳜鱼、老鳖、黑鱼、鲫鱼等大鱼。拿船的会及时用事先准备好的小网兜子弄到夹舱里，用咸菜烧一两碗，或做成咸菜冻鱼，或红烧、煨汤，那时算得上是上等的好菜了。

如今扒刀、泥夹子早成文物了，农村大大小小的生产河里到处是厚厚的淤泥，人脚一踩臭水直泛，虽是上等的有机肥，但没有人再愿意罱到农田里。

② 扒苲

“苲”音zha（三声），字典释义为“金鱼藻等水生植物”。而在垛田，苲是一种农家肥的名称，是河泥和水草的混合物。

扒苲是兴化垛田另外一种收集肥料的方式。其工具与罱子相似，但不同的是扒苲近似于挖，因此捞取的河泥较厚实，多夹带有水草、螺蛳等，比河泥更肥。将河泥作为有机肥料，是兴化垛田土质好、肥力足、蔬菜优质的重要原因之一。

扒苲是个力气活，一般三个青壮劳力一条船。船的挽梁上横着绑牢一根竹棍，棍头伸出船帮一尺来长。来到湖荡苲多的地方，船头那个人将苲耙丢进水中，竹柄逼住船旁伸出的棍头，双手紧握耙柄，两腿前伸，身体后倾，船艄的两个人便一人一边使劲地往前撑，只要船体稍微往前移动一点，耙就满了，耙的人用力拖出水面，猛地翻倒进船舱。这满满一耙的泥苲有多重？足有百把斤，光苲耙就是10~15千克。

把泥苲弄到垛圪上与弄河泥上不同。河泥相对稀薄，用浇水的铁皮水斗或戽水瓢直接舀。泥苲不行，通常需要三人配合，船上一人，岸边一人，垛上一人。船上的人用铁叉将泥苲从舱中挖起，放进岸边人的水斗里，岸边人再倒进上面人的水斗里，上面人将泥苲倒在作物行间或空地上。最后，还得动手，将地上的泥苲撸平，或在芋头等植物根部壅好。这最后一道活儿，垛上人叫作“沰苲”、“布苲”。

③ 捬水草

捬水草是夏天垛田人的主要农活之一。捬水草的工具俗称“捬管”，由两根竹竿制成。找到水草茂密的水面，将捬管伸进水中，捬水草的动作与小孩夹面条的动作相似，将水草连根拔起，挑进船舱。将水草铺在蔬菜行间，可起到遮阴、保湿和肥田的作用。

捱水草（李松筠/摄）

（四）垛田上的四时耕作

1 播种

垛田人种植，不像乡下人那样的种麦、栽秧，也没有乡下人的割麦、收稻。他们没有耕牛、拖拉机去犁地，他们用的是韭刀、钉耙、戽水瓢，大锹、灰叉、罱子等；他们没有打谷场，不需要脱粒机、收割机去收获，收获、运输蔬菜用的是农船。他们凭借韭刀，一把一把移植、一棵一棵的收割；用钉耙一下一下地翻地；凭借戽水瓢一舀一舀的浇灌。传统的人工耕作方式贯穿于垛田人一年四季的农耕作业中。

播种可是个技术活，一般人不会播，就请有经验的播种能手来播，有时候垛田人播种，总喜欢在种子里拌上细沙或细泥，因为播种讲究的是均匀，这叫直播。另外还有一种间播的方法，或是事先在地里按照一定的距离用大锹挖个口，或是用韭刀、铲锹捣个口，把种子丢到里面，像蚕豆一类的植物就是这样。

垛田农活镨岸（李松筠/摄）

2 间苗

种子发芽后，垛田人还

有间苗的习惯。间苗又称疏苗，为使幼苗个体分布均匀，有合理的营养面积以充分利用光能和土壤养分，垛农必须及时拔去那些瘦弱的苗，留下枝干粗壮的苗。间苗要适时进行，以留匀、留齐、留良、去劣为原则。

③ 耕翻

人们会用钉耙一耙一耙地鐠岸（翻地）。然后还得把大一些的土块用钉耙敲细，防止种子掉在里面受闷了不发芽。再者就是平地，垛田人平地是非常奇特的，他们不是往前去，而是往后退，直退到河坎上为止。等一切都准备好了，便可播种。

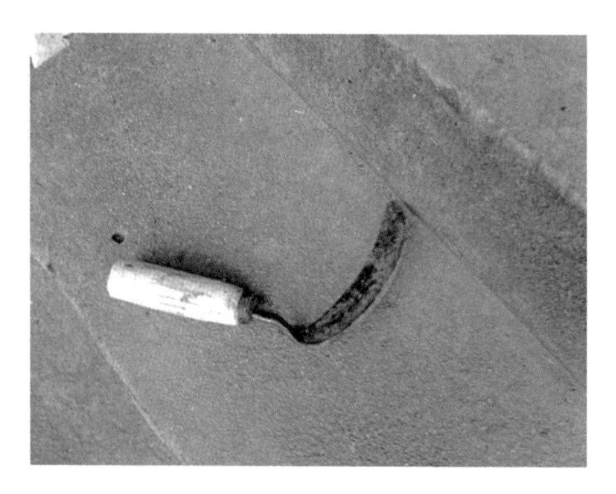

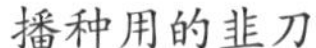

播种用的韭刀

播种用的铲锹

④ 移植

移植也是垛田人种植常使用的一种方法。他们对于移植不同的苗芽也有不同的方法，主要有打塘儿、打岭子、平移等。这些方法都有便于浇水、施肥的特点，但又有一定的区别。

打塘和打岭移植，主要用于球根作物。就是把球根苗移植到事先用大锹挖好的一个拳头大的泥塘里，像芋头、马铃薯等，这样做主要是为了存水，以保证移植后的球根能够得到充足的水分，便于植物生长；打岭移植还有便于搭架、收获的作用，就像刀豆、番茄、山芋、花生等之类的植物，有的是为了便于这些植物爬藤，有的是为了植物的果实不沾着泥土，使长出来的果实光滑、干净。平移则是一些根须植物常用的方法，这种方法比较简单，只要拉开植物之间的档距就行了。但不管是哪种移植方法，都必须做到档距均匀、笔直。为此移植时，垛田人往往很讲究的，他们会用尺量、用绳子拉，实在没有带尺的，也要用自己的脚来量。这样做一是便于除草、施肥，二是为了使植物通风、透气，更有利于植物间都能够吸收到足够的营养，给植物的生长营造一个良好的生存环境。

正是垛田人使用选种、播种、移植这种独特的种植方法，所以，他们长出来的蔬菜纯正、肉厚、味美、可口，不但得到国内消费者的欢迎，而且叫响了东南亚各地及西欧的部分地区。

（五）蔬菜销售

❶ 出门卖菜

垛田人过去要自己销售所产蔬菜，人们叫作“出门卖货”。出门卖蔬菜跟渔民开网、唱戏开场一样，都有一定的规矩的。每当蔬菜上市，把采集好的蔬菜装上船，停靠的河边整装待发的时候，站在河边的人不得说“留点家里吃吃”之类的话，更不得从秤上、扁担上用脚跨过，否则就认为不吉利。因此，懂规矩的大人，特别是女人，一见到河边有准备赶市的船，就会自动走开，要是遇上不懂事的小孩，大人就会把他拉走。开船的时候，他们总要用竹篙在船前来回划三次水，其意扫除一切障碍，一帆风顺。这时，他们一两人或三四人才划着船，或撑着篙，赶往预定的城市、村庄。他们的船头上安有锅箱，后舱里带有烧饭用的茅草及油盐酱醋。他们吃在船头，睡在船舱。要是路途遥远，他们就得这样在船上生活好几天。赶到了销售地点，靠上码头，找人谈生意。谈质论价总喜欢用暗语（动作）或是用舌子（黑话），如：青菜，他们说成“林儿”，韭菜说成“弯刀”，菠菜说成“如意”等，蔬菜的价钱不说数字，一说成“水把”，二说成“微把”，三说成“学把”……这是为了不让前来买货的人听懂。还有很多人划着小船到别的村庄零卖，叫“卖小市”，有时直接卖钱，有时以物易物，用蔬菜换来米、稻、麦子或鸡蛋。

❷ 蔬菜经济人

垛田以生产蔬菜为主，蔬菜品种多、数量大、上市频度高，既要满足企业加工的原料需求，又要满足市场需要；既要供应本地市场，又要销往外地市场，这就产生了一个特殊的行业——蔬菜经纪人。

历史上，垛田不少村庄就有“青货行”“八鲜行”专门从事蔬菜的中介服务。

现在，又成立了很多从事蔬菜销售服务的专业合作社这一新型农村经济组织，形成了蔬菜经纪人这一群体。

繁忙的蔬菜经纪人

垛田镇有180多名经纪人，他们活跃在全镇42个自然村。这些合作社，一头连着种植农户，一头连着加工企业和销售市场，为搞活蔬菜市场流通发挥着重要作用，农民对经纪人的依存度在逐步提高。随着信息渠道的进一步拓宽、市场资源拥有量的进一步扩大和经济实力的进一步增强，这些蔬菜销售合作社和经纪人将成为今后垛田农业经济发展的奠基者和主力军。

（六）传统捕鱼方法

兴化地区水资源丰富，这潺潺的河流，不但滋养了垛上的庄稼，还是鱼虾蟹鳖的天堂。当地渔人灵活地使用祖辈传下来的数十种捕钓方式，捕获水鲜，就着船边，舀一瓢清水，让你体会板桥先生“湖水煮湖鱼”的乐趣。“九夏芙蓉三秋菱藕，四围香菜万顷鱼虾”是垛田田园风光的真实写照。

捉鱼、拦沟、罩鱼、撒网是当地主要的四种传统捕鱼方法。传统捕鱼方法也是当地传统农耕文明的重要组成部分。

撒网捕鱼（李松筠/摄）

捉鱼（杨天民/摄）

❶ 拦沟

与传统的捉鱼和撒网相比，拦沟捕鱼则更像一种与鱼儿做一场游戏，这也是垛田地区特有的捕鱼方式。垛田地区内错落分布着无数的小河沟，而拦沟捕鱼正是由此发明出来的。选择一条“U”字形的河沟，将开口处插上拦沟捕鱼的特有工具箪箈，同时准备好鱼篓等工具。捕鱼者跳进水里，排成一排在水中进行拍打水面等行为，这样水中的鱼儿听到声音便会向沟口方向逃窜，进而掉入早已布好的“陷阱”中。

箪箈

❷ 罩鱼

罩鱼是垛田渔民闲暇时的一大乐事。鱼罩是用竹子编成的渔具，因此也叫竹罩。鱼罩侧面看呈台柱型，无底，周身是用结实的竹竿和竹篾编制而成的。鱼罩高矮及口宽视个人情况而定，没有特殊的讲究，只要方便作业便可。

湖荡芦滩等潜水滩涂是罩鱼的最佳地点。罩鱼时，需将鱼罩举过头顶，然后慢慢将其向鱼群靠拢，接近鱼群时迅速地将鱼罩摁入泥中，稍后片刻，待被罩住的鱼儿不再激烈活动时，用手将其抓出，放入鱼篓或水桶等容器中。

鱼罩

罩鱼（李松筠/摄）

现在捕鱼多采用“拉大网”的方式。这种捕鱼方式需要约十几个劳动力才可以完成；并且这种捕鱼方式会把塘水搅混，水底层的氨、亚硝酸盐等有害物质也随之泛起，导致河水环境的破坏。与此相比，垛田“原生态”的捕捞方式，不会对水环境造成破坏；同时避免了对鱼类的伤害，大大提高了运输过程中的成活率，提高了经济效益。

拦沟（李松筠/摄）

拉大网捕鱼

（七）垛田保护乡规民约

垛田保护的乡规民约是在经济发展过程中，垛田人为保护好遗产风貌，保留下来的传统习惯。对违反村规民约的村民，村委会有权制止和处理，并责其恢复耕种条件，视情节轻重交国土部门处理。

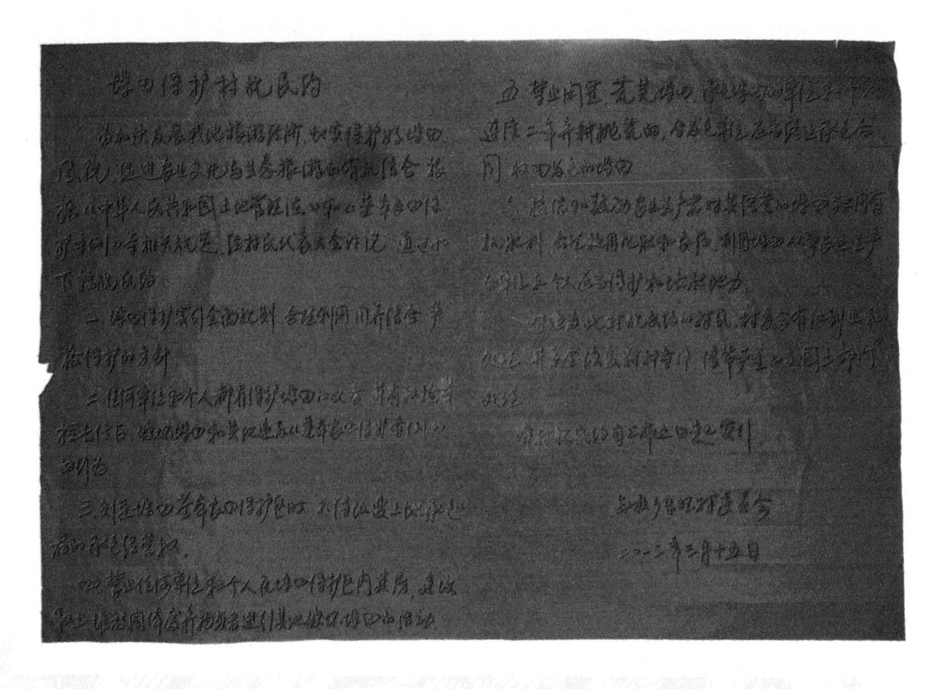

垛田保护村规民约

垛田乡规民约（兴化市缸顾乡/提供）

六

寻觅垛田持续发展之路

垛田是天人合一的产物，是一个相对完整、较为科学的生态系统。保护、继承并发展垛田这一重要农业文化遗产，对于生态文明建设、社会主义新农村建设、农业可持续发展方面，都具有重要意义。

保护好垛田农业文化遗产，以建设生态农业为重点，以贸工农一体化为载体，以提高种植效益为目标，以农业现代科技为支撑，不断提高垛田农业规模化、组织化、现代化水平，将为农业可持续发展提供现代范本和先进经验。

（一）“垛田”生存受威胁

❶ 垛田变矮引发防洪隐患

近些年来由于治淮效益的逐渐显现，水涝灾害显著减少，当地农户已不再需要依靠垛田来抗洪防涝。农民为了扩大耕地面积、方便耕作，对原始的垛田进行了大面积改造。这种改造主要包括将高高的垛子挖低，所挖的泥土向周围的水面扩展，或将两个垛子、三个垛子连成一片。这样一来，垛田高度由原来的3~4米降到高出水面1米左右，垛田整体高度变得较为一致。垛田面积也都变大了，现在最大的垛田可达3亩，是新中国成立前的3倍。

水域面积及垛田高度的变化

		新中国成立前	现在
水域	水深	2~4米	1~3米
	面积比例	40%	32%
垛田	垛田高度薑	4米	1米
	面积最大的垛田	1亩	3亩
	面积最小的垛田	0.02亩	0.02亩
	垛田块数/亩	5	4

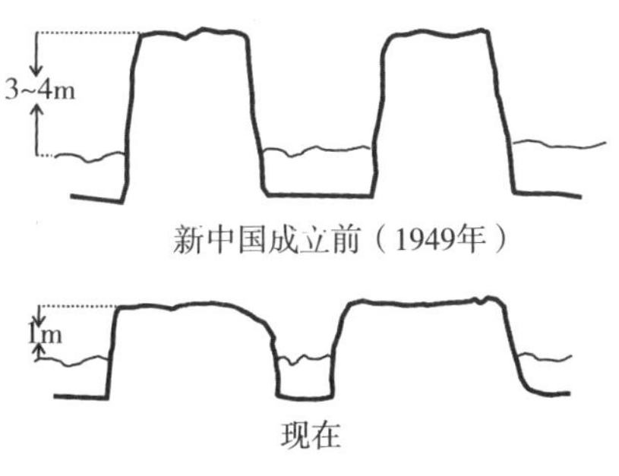

垛田高度的变化（孙雪萍/绘）

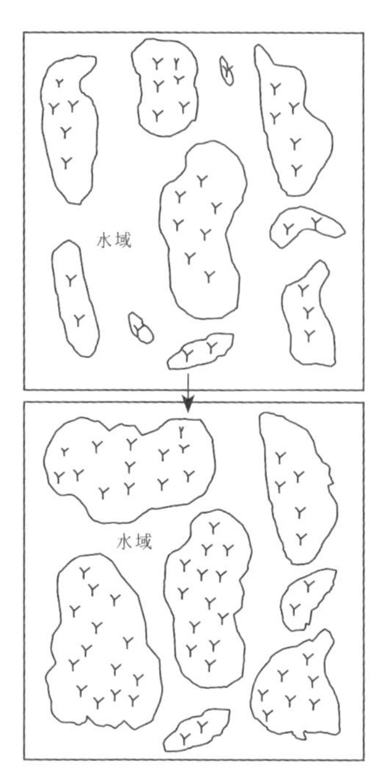

示意图：垛田面积增大、水域面积减少（由上至下）

缺少了原先那种高低错落、大小不等、绿水环绕、水垛相依的风韵，垛田景观的自然美受到影响。此外，河沟的数量和水面面积的减少，降低了河沟的洪水调节能力；垛田高度的降低，提高了洪涝灾害发生的可能性。

❷ 城镇化建设蚕食垛田

随着乡村工业的发展，一些土地变成了工业用地；随着人口规模的扩大和生活水平的提高，人们开始用耕地来建造房屋，村庄建设向田野扩展；垛田镇地处城郊，随着城市建设规划的南扩东移，近年来城乡结合部的垛田耕地被征用、开发建设。

据统计，仅垛田镇的城东、新联合、南仇等三村，被征用面积达3 000亩。加上近年来干线公路、

城乡发展中的垛田（杨天民/摄）

通村公路建设占用了不少土地，垛田的面积有减少的倾向。保护垛田地貌，修复垛田农业生态系统迫在眉睫。

③ 现代农业技术冲击较大

近年来，由于年轻劳动力的外流，传统的罱泥、扒苲、搅水草等体力消耗型田间作业逐步减少，传统垛田农耕技术传承受到威胁。由于没有劳动力从事传统的田间作业，以河泥和水草为主的天然有机肥的使用也逐渐减少，以复合肥和尿素为主的无机肥的使用开始增多，农作物尤其是蔬菜品质保障面临挑战。罱泥、扒苲等农活的减少使河道间缺乏原先经常性的疏浚，致使垛间河沟淤塞、水草丛生、河水富氧化现象较为严重，垛田耕地环境逐渐恶化。

④ 劳动力资源相对短缺

与其他地方农村相似，目前在田间耕作的农民大多为中老年人，这些人年龄大，文化程度低，很难适应农业现代化的发展要求，长期来看不利于垛田系统的维持和发展；垛田蔬菜种植目前仍以承包户为单位，耕地相对分散，种植规模较小，发展后劲不足。

老龄化农民

（二）齐心协力解垛田之困

近年来，对于垛田地貌的保护和垛田文化的挖掘，兴化市政府已经开展了一系列的工作：

① 成功申报中国重要农业文化遗产和全球重要农业文化遗产：江苏兴化垛田传统农业系统已经于2013年5月被农业部正式认定为首批中国重要农业文化遗产，2014年被联合国粮农组织列为全球重点农业文化遗产（GIAHS）保护项目。

② 开展形式多样的宣传保护活动：每年一度的“垛田文化节”和多种媒体，加大对于垛田文化和农业文化重点的宣传；积极参加相关的农业文化遗产活动，

全球重要农业文化遗产

全球重要农业文化遗产授牌仪式

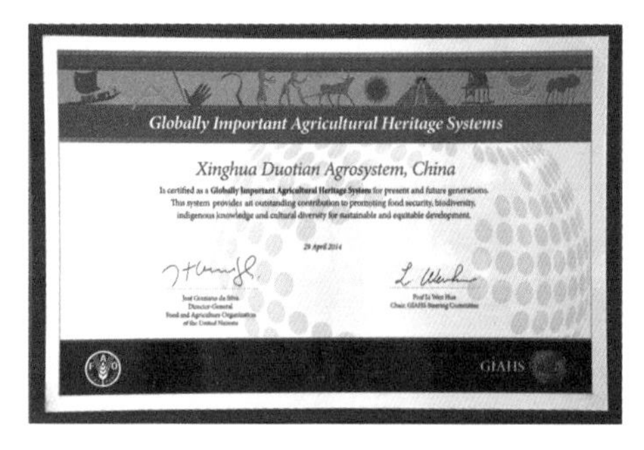

全球重要农业文化遗产标牌

中国重要农业文化遗产标牌

成功举办首届东亚地区农业文化遗产学术研讨会和全球重要农业文化遗产（中国）工作交流会。

成功申报全球重要农业文化遗产：江苏兴化垛田传统农业系统已经于2014年4月被联合国粮农组织（FAO）正式认定为全球重要农业文化遗产。

全球重要农业文化遗产（中国）工作交流会
（中国科学院地理科学与资源研究所自然与文化遗产研究中心/提供）

首届东亚地区农业文化遗产学术研讨会
（中国科学院地理科学与资源研究所自然与文化遗产研究中心/提供）

③ 深入挖掘垛田价值，科学制定保护发展规划。兴化市委市政府积极制定保护规划，挖掘垛田地貌资源价值，促进兴化垛田传统农业系统保护和发展；组织专家学者，深入调查、挖掘、整理垛田传统的农业文化、生态文化、民俗文化，已经编辑出版《垛上杂弹》《神奇垛田》；聘请专家对垛田生态地貌及其历史文化进行深入调查论证，初步形成垛田生态文化保护性开发的策划方案。

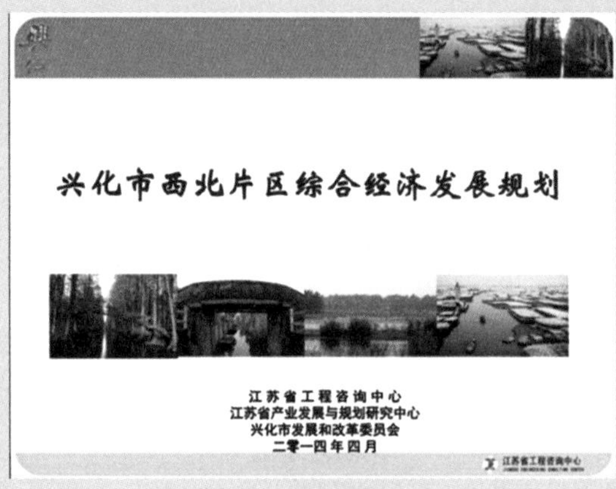

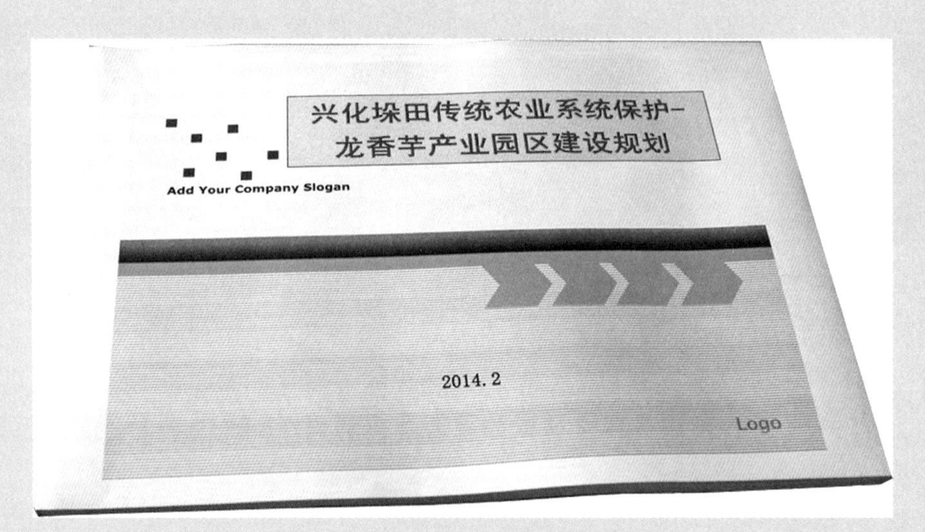

出台的一系列保护及发展规划

垛田文学作品（兴化市垛田镇政府/提供）

④ 多种途径促进垛田多功能农业发展。以农产品加工企业为龙头和纽带，建设蔬菜原料生产基地，推广标准化生产种植，扩大绿色、无公害蔬菜产量的比重。开展垛田种植技术标准的制定工作，积极进行农业传统耕作技术研究、保护与利用，适当恢复传统物种、品种种植。制定并发布了《地理标志产品 兴化香葱（鲜葱）》（DB32/T618）、《地理标志产品 兴化脱水香葱》（DB32/T606）、《无公害农产品 龙香芋》（DB32/T620）等江苏省级地方标准，通过规范生产，推广技术应用，对该地区特色农业发展起到了积极推动作用。以垛田文化为基础，全力发展休闲农业和乡村旅游发展，为提升垛田价值，促进农民就业培训的增长点。

（三）充分发掘垛田价值

垛田地貌已经作为不可移动文物列为江苏省第七批文物保护单位，成为法定文保区块。地方政府正在制定规划、研究措施，开展垛田生态地貌的保护工作。

❶ 生态农业价值

作为城郊地区，兴化市政府在城市区域发展功能定位上，已经初步确定将垛田地区划为生态农业保护观光区。这一地区将重点发展三产服务业，不再新办工业企业。

随着生活水平的提高，人们越来越重视食品安全问题。保护和传承好垛田农业文化遗产，将传统农耕文化与现代文明相结合，在传统农业的基础上发展现代农业，可以促进垛田种植业进一步提高农产品质量和产出效益，进一步提高农民的收入，并进一步推动社会主义新农村建设。

❷ 垛田旅游价值

有旅游文化专家和投资商对于保护好垛田生态风貌，在保护的基础上发展垛田的文化旅游观光业充满了期待，已经开始洽谈与谋划。

近年来可持续旅游迅猛发展，可以将保护和传承垛田农业文化遗产与发展垛田旅游观光业结合起来，在保护好垛田地貌和农业文化遗产的基础上开发生态观光和文化旅游，将为地方经济发展提供新的增长极、动力源，为垛田农民的增收提供新渠道、新路径，为城乡结合部如何融入城市商圈、发展新型服务业提供好经验、好做法。

兴化垛田是在全中国乃至全世界绝无仅有的天下奇观，是一项重要的农业文化遗产。各级政府都十分重视兴化垛田传统农业系统的保护与发展，保护和传承好垛田农业文化遗产，就是保存中国农业文化的一朵奇葩，让中国人、外国人认识中国农民的智慧，认识中国传统农耕文化的独特魅力，认识中国传统文化的丰富内涵。同时，保护和传承好垛田农业文化遗产，将为今后的生态农业建设和绿色、无公害农产品推广提供宝贵的经验和范例。

（四）建立多方参与的保护机制

社区居民对兴化垛田传统农业系统的保护是积极主动的。首先，这一传统系统是他们的生计来源，该地区的居民主要以蔬菜种植和水产养殖为主，保护这一传统农业系统，同时就保护了当地的生态环境，保证了农产品的质量，从而特色农产品的销售价格，提高农民的收入，改善生活质量。其次，随着对兴化垛田传统农业系统的保护，该地区的知名度也会随之提高，从而带动可持续旅游的发展，同样使当地的居民增收。最后，通过对兴化垛田传统农业系统的保护以及宣传教育，可以增加当地居民的地方感和文化自豪感。

多方参与共同保护

兴化市地方政府从管理者的高度战略性地引导着垛田的进一步保护与发展。首先，希望能从当代城市化发展的洪流中争取保存下来这种珍贵的传统农业模式，为子孙后代保留下这笔无价的财富；其次，当地政府希望通过加强对农业文化遗产的宣传，增加人们对垛田的保护意识，从而更好地达到保护目的；再次，希望通过GIAHS打造出高端特色农产品品牌，创建有机产业链，提高经济效益，增加居民收入；最后，希望合理发展垛田旅游业，在保护农业遗产的基础上发展集观光、休闲、度假、购物等于一体的主题性可持续旅游，打造地方名片，带动其他产业发展，同时提升地区文化内涵和经济实力。

兴化垛田传统农业系统历史悠久，是典型的传统农业生产模式，具有很高的文化价值和经济价值，国家政府对其进行重点扶持，首先可以为中国保存下这种历史价值很高的农业文化遗产，其次是可以创立典范，树立榜样，带动其他农业生态系统的保护，还可以通过GIAHS的影响力，带动区域合作，充分发挥垛田特色产品的经济和生态效益，促进农业生态可持续发展。

兴化垛田特色农产品相关的企业和旅游相关的企业都希望借助GIAHS的效力赋予他们经营的产品更高的价值，从而提升自己企业产品的价值和知名度，增加效益，为企业谋求长远发展。

出于对垛田这一优美景观的喜爱和对当地美食文化的向往，游客们希望兴化历史悠久的垛田得以保存，其动机主要是希望能够欣赏到这种独特的怡人景观。

（五）多管齐下留住垛田春色

1 应对垛田变矮引发防洪隐患的策略

对垛田面积、规模进行普查和登记，恢复区域内垛田的原生态风貌，修复垛田生态系统，积极疏浚村庄周边河道和主要生产河道，实现“垛变高、河变宽、水变清”，进一步完善防洪工程。

2 应对城镇化建设破坏垛田的策略

制定兴化垛田传统农业系统保护条例，建立垛田保护的长效机制；将城市和农村作为一个整体来考虑，制定统一的土地利用规划，改变城镇发展模式，减少城镇发展对垛田传统农业系统的冲击，并将垛田分布区划为基本农田保护区，进行有效保护；将垛田保护列入兴化市的政府年度工作报告中，提高政府尤其是城建部门对传统垛田的保护意识。

3 应对现代农业技术冲击的策略

充分利用各种现代媒体进行兴化垛田传统农业系统的宣传，增强当地居民对兴化垛田农业文化遗产的认识，强化兴化垛田的传统特色，使当地农民认同垛田传统农业的价值。通过市场价格调控，提高垛田绿色蔬菜、有机蔬菜的价格和销售渠道，有效抵制化肥、农药等的使用。当地农业部门应大力宣传生态农业理念，同时监督垛田蔬菜生产严格按照农业文化遗产的生产标准进行，减少现代化技术的冲击。

4 应对劳动力资源不足的策略

筹措资金，加大投入，培养遗产保护专业人才。市政府积极筹措资金，并出台各项资金扶持政策，加大对垛田农业文化遗产保护资金的投入，构建多元化的

筹资渠道，积极争项目，建立补偿机制，吸引社会资金的参加，采取“送出去、请进来”的方式，加大遗产保护专业人才的培养力度。此外，以政府部门为主导，出台各种鼓励措施，吸引年轻人走进垛田务农，培养新型农民队伍。

附录

附录1 旅游资讯

（一）旅游景点

与其他壮丽美景一样，垛田的美需要亲自去体验一番方可。站在千岛垛田之中，放眼望去，鲜亮却不失内涵的景色定会另你深深被它吸引。来到兴化，走进垛田，饱看一季盛开的油菜花是每位游客万万必不可错过的。与热闹非凡的千岛垛田不同，李中水上森林公园以其庞大完整的森林生态系统，为喧嚣市区提供了一片大自然的净土。选一个闲暇时光，或林中漫步，或泛舟水上，感受回归自然的惬意与安然。除了垛田品牌，兴化还是一个历史悠久的文化古镇。走进这个艺术之乡，去板桥文化园、四牌楼、兴化博物馆等地逛一逛，零距离接触施耐庵、郑板桥、刘熙载等许多让我们后人景仰的文学大家所生活过的这片沃土，也是一趟不错的文化之旅。为了让游客在观赏兴化油菜花美景的同时，还能获得更丰富的旅游体验，兴化当地政府还推出多项活动和旅游新产品，如举办茅山镇特色文化艺术节、茅山会船比赛、祈福法会等活动。

1 缸顾千垛菜花风景区

千垛菜花风景区，位于江苏省兴化市缸顾乡东旺村东侧，总面积近万亩。

缸顾千垛菜花风景区

在泥土缺乏的泽国，兴化先民们从水下取土，一方一方使其堆积成垛。千百垛田漂浮于水中，云蒸霞蔚，煞是壮观。阳春时节，金黄色的油菜花盛开于垛田之上，犹如一朵朵祥云飘舞于水面，又似一片片流霞散落在人间，形成“河有万湾多碧水，田无一垛不黄花”的千垛菜花美景。人们置身于一望无际的千垛菜花间，感受随风而来的醉人菜花香，有心旷神怡之感、美不胜收之慨。

被誉为“全国最美油菜花海”的千垛菜花进入盛花期，每天有数万名游客置身于一望无际的千垛菜花间。登上千垛菜花景区观光塔，只见千百垛田漂浮于水

清晨的垛田（班映/摄）

锦绣垛田（班映/摄）

中，金黄色的油菜花盛开于垛田之上，云蒸霞蔚，犹如一朵朵祥云飘荡于水面，又似一片片流霞散落在人间。

② 李中水上森林

位于李中镇2 000余亩的水上森林景观同样让人印象深刻。这片人工生态林采用林垛沟鱼的立体模式，区内水系丰富，河道纵横，形成了“河流回环，水杉林立”的景观。林区内森林面积1 050亩，水面面积950亩，主要以池杉为主，白鹭、黑杜鹃、野鸭等鸟类常年栖息其中。树木参天，树梢益鸟欢聚，沟内鱼儿跳跃，林内一片生机。这里是野生动物的天堂，林中鸟平时有3万多只，最多时有6万多只。黄昏时分，百鸟归巢，遮天蔽日，蔚为壮观。20世纪80年代初，当地群众为了开发利用荒滩资源，将这里1 500亩荒滩划成一条条垛格，栽种适宜水中生长的池杉、水杉共10万余株，想不到几十年后形成了这片蔚为壮观的水上森林，造就了这里下河地区规模最大的人工湿地森林生态保护区。

李中水上森林（班映/摄）

如今走进李中水上森林公园景区，道路两旁竖立着一处处戗牌，介绍兴化名人轶事、风土人情、景区民俗等人文历史，吸引前来旅游的游客。

③ 徐马荒风景区

“徐马荒”原生态风景区，位于兴化市西郊镇西部，规划总面积10.68平方千米，距兴化城区15分钟车程。有陆地2 000亩、林地3 000亩、荒滩水面4 000亩、鱼池5 000亩。宽广的水域、连片的森林、原始的生态、多样的生物种类以及丰富的地域宗教、历史文化内涵成为该项目得天独厚的开发资源。

荡舟徐马荒秋雪湖，成片的荷叶，拥挤的浮萍，绿意盈盈、水汽氤氲，还有不经意间惊起的白鹭野鸭，处处都是一种亲近自然的感觉。最让人惊叹的还是这广袤而原始的芦苇荡，一片连着一片，款款摇曳，浩浩荡荡，在风中快意舞蹈，虽然未到芦花飘雪时，却足以让人流连忘返。

“春看十里荷塘碧连天，秋赏千亩芦荡花飞雪”。在兴化市徐马荒原生态景区内，可领略荷塘月色、渔歌唱晚、秋荻飘雪的湿地胜景，领略苏中“沙家浜”的风采。

农家乐游览区：徐官村、圩岸村、马港村三个自然村。吃农家饭，品乡土美味；住农家院，听鸟语蛙鸣；观农家戏，赏民俗风情；进农家田，干农家活，看农家家具，享受田园耕作之趣，体会传统农耕文明。

渔家乐游览区：500亩芦荡。划渔舟出没荡间，用渔具捕鱼虾。听渔歌之声，品河鲜之美，享渔家之乐。野猪林游览区：1 000亩水上森林。辟狩猎区放养杂交野猪，供游人捕猎；辟休闲区供游人林中漫步、休憩，尽享天然氧吧之乐趣。

湿地游览区：区内水域宽广、沟汊交错，蒲草繁密、禽鸟起落，湿地美景，令人流连忘返。另有成片荷藕、野菱，供游人荡舟其间，自由采摘。

徐马荒湿地

“圣湖秋月”（李松筠/摄）

④ 兴化市博物馆

兴化市博物馆成立于1959年，与郑板桥纪念馆、施耐庵纪念馆合署办公，是收藏、保护、研究、展示文物和研究郑板桥、施耐庵的主要机构，负责李园、四牌楼、郑板桥故居、刘熙载故居、赵海仙洋楼、任大椿读书楼、兴化县署（范仲淹纪念馆）等文物景点的日常管理与开放工作。馆舍东与李园相连，南与兴化县署相通，其间小桥流水，竹影扶疏。

郑板桥像

李园是清代盐商李小波的私家花园，由船厅、方厅、方亭、桂花楼等建筑组成，因其狭长，有“馀园半亩”之称。主体建筑船厅平面呈“L”型，卷棚歇山顶，厅内拱形顶部状似舱顶，与周边连接的坡道形如跳板，远远望去，极似泊在岸边的画舫，船厅因此而得名。

5 板桥故居

板桥故居位于兴化东城湾古板桥郑家巷。郑燮（1693-1765），字克柔，号板桥，清代书画家，“扬州八怪”之一。乾隆元年前曾居于此。故居坐北朝南，有门楼，上下屋，小书斋，小庭院天井，厨房等，屋内陈列有关郑板桥的文物资料、书画、塑像等。

板桥船厅

板桥船厅

李园、船厅建于清咸丰年间，是扬州富商李小波家园花的一部分。大门朝东，有门楼隐壁二门、南北耳房、前庭井、坐北朝南花厅。入李园园门便是船厅，开阔一间，进深七间，美味外形似游船。西侧有踏道似跳板，有坐登栏杆，室美味有楠木雕落地荷门。顶卷棚歇山瓦顶，船厅西首为船头有汉白玉船桩，船厅西南沿廊至立厅、接桩花楼又庭园花台、古木参天，幽静典雅，具晚清风格扬州园林特色。

“无竹不居”，是板桥的一大偏爱。板桥故居书房的檐下，种着一丛青竹。板桥在书房里便可透过窗纸，欣赏竹影，就像在欣赏一幅天然的图画。可以想见，潇潇夜雨，雨打青竹的声响，扣人心弦。在书房里读书的板桥便会生出无限的雅趣，照竹弄墨。他说：“凡吾画竹，无所师承，多得于纸窗粉壁日光月影中耳。”

墨竹成了郑板桥绘画作诗最主要的题材。在他的笔下，竹也化作了一种品格。青竹傲岸不屈，虚心劲节，可以说是板桥崇高气质的写照。他在潍县罢官离去时留给当地父老的诗画仍是竹的题材，在一幅墨竹图上，他写道：“乌纱掷去不为官，囊囊萧萧两袖寒。写取一枝清瘦竹，秋风江上作渔竿。”至今仍在民间广为流传。

板桥故居

⑥ 四牌楼

牌坊沿革　牌坊、牌楼是一种门洞式的纪念性建筑物。在兴化，明清两朝建于府第、寺观、祠堂、陵墓以至桥头、路口的各种牌坊不下百座，一般都是四柱三门式或双柱单门式，唯独建于明代的四牌楼为四柱四门的亭阁式。它两层重檐，八角飞翘，顶上“五岳朝天”，显得十分庄重而典雅。

四牌楼历史　兴化四牌楼在明代称作“四攒坊”，清代以后叫四牌楼。关于它的建成时间，兴化所有的方志中都没有确切的记载。现存最早的兴化地方志为胡志，成于明朝嘉靖三十八年（1559），通篇无四攒坊或四牌楼的记载。最早以文字记载的是成于明朝万历十九年（1591）的欧志，记为：“太平桥有四攒坊，曰国朝省阁，曰淮海人文，曰极品封君，曰状元宰相。”此后，清朝康熙二十三年1648的张志，咸丰元年（1851）的梁志及1943年的李志都分别作有记述。由此可以推断，兴化四牌楼建于明代嘉靖三十八年后、万历十九年以前，即1559—1591年约30年间。如果我们再从最初出现的“状元宰相”和“极品封君”两块匾额来分析，四牌楼的建成时间又在李春芳升任首辅、李镗被

四牌楼

荫封少师之后，那么，最早也只能是明代隆庆二年（1568）。如其再早，李春芳虽已入阁，但不能称“宰相”，只能与高谷同入“国朝省阁”，李镗也封不了少师，称不上“极品”。因此，可以认为，兴化四牌楼的建成时间应当在1568—1591年约20年间，距今约有430年。

430年间，四牌楼曾两次被毁。第一次被毁事件载于梁志，云：嘉庆元年为公元1796年，毁前只有过一次修理记录，即康熙二十三年（1684），知县张可立重修，至被毁已相隔112年。一百多年来，尤其是乾隆一朝，大兴文字狱，兴化连出两起大案，谁还胆敢倡修这前明的遗物？于是年久失修，就这么自然圮废了，所幸仅隔二年也就重复旧观。第二次被毁是距离第一次被毁170年的1966年，“文化革命”破“四旧”，立“四新”，四牌楼在劫难逃。那时它身负两重罪名；一是“封资修”的黑货，属于应被扫荡之列的“四旧”；二是它曾是屠杀革命先烈的刑场，悬挂过革命烈士的头颅经查，这一条罪名无凭无据。于是两罪并罚，主体建筑被拆除，大部分匾额被肢解，那砸不烂的几根石柱至今仍深埋在小南门补锅塘的旧河沿下。自24年后，即1990年，兴化人民政府顺应民意，全市人民积极捐资，四牌楼才得以修复。

四牌楼的匾额　1943年的李志记有47块，1966年拆毁前正应其数。根据记载，累计应为49块。除我们今天所见的47块外，尚有明代初建时悬挂的“国朝省阁”和“淮海人文”。这两块匾额在康熙二十三年重修时仍然存在，根据推测，嘉庆三年1853重建时被撤。“国朝”一词，意同“当朝”，“国朝省阁”本为明代“国朝”阁相高谷等人专立。进入清代，“国朝”一词已不合时宜，于是换成了“省阁名公”。“淮海人文”泛指兴化有史以来的历代名望英杰，它与四牌楼其他匾额都明确为谁人专立而不谐，因而将其撤去应该说是很有见地的。

47块匾额旌章兴化籍历史人物75人81人次，上自南宋开科第一，下迄民初仁寿之征，跨越五个朝代。但立匾的时间却不以历史先后为顺序。根据记载，明代初建时只有4块，后加“东海贤人”和“中原才子”不过6块，基本上都是为当时明代的人物所立。康熙二十三年以后才逐步增加，出现了宋元时期人物的匾额。嘉庆三年才形成“上下四旁皆立匾，可以觇文物之华焉”。47块匾额，绝大多数为地方官府或士绅名流发起公立。其中御赐之“性静情逸”以及民初大总统徐世昌特颁之“仁寿之征”也只是地方上复制或仿制。因而，家大势大者尽点上风，一些在历史上很有地位的如成元竹、胡献、陆西星、宗元鼎、禹之鼎等却无人问津，更不要说张士诚、施耐庵之辈了。至于武士、闺阁、艺匠、方外本受歧视，当然一概摒之。因此，四牌楼的匾额可以反映兴化部分历史，但不能以偏概全。

旧匾的题字书家，除“诗画名家”为郑板桥所题、“性静情逸”摹咸丰御书外，其余皆不详。旧时习俗，书家为专人立匾题书时，从不署书家名号，这既是表示书家的谦逊，更是为了避免喧宾夺主，相沿成俗。

（1）开科第一　为南宋进士时梦珙立。时梦珙是兴化历史上有史料记载的第一位文科进士，曾任桐庐县知县。题字书法家林剑丹先生是中国书法家协会创作评审委员，浙江省书法家协会副主席，温州书画院院长。

（2）忠孝同胞　为明朝孝子顾师鲁、知州顾师胜立。顾师鲁曾协助徐达攻克盐城、宝应、兴化、淮安，立下了功劳。江淮平定后，回归故里侍奉祖母。其弟顾师胜于洪武十三年出任四川眉县知县，与叛军作战而死，后追赠知州官衔。题字书法家为著名学者、图书馆学家、书法家顾廷龙先生，曾任上海图书馆馆长、国务院古籍整理出版规划领导小组顾问等职。

“开科第一”牌匾

“忠孝同胞”牌匾

“第一元勋”牌匾

（3）第一元勋　为明朝左丞张骐立。元末张骐跟随张士成起义，驻扎杭州、湖州，后归顺明朝，任江西行省参政、左丞，被兴化人视作功勋卓著的元勋。题字书家为著名学者、书法家、中国佛教协会会长赵朴初先生。

（4）辽城汉节　为明朝主事陆容立。洪武年间，陆容被征选为礼部主事，因擅长辞令，两次奉命出使朝鲜，出色地完成了任务。题字书家为已故当代著名书法家、江苏省书法家协会主席武中奇先生。

“辽城汉节”牌匾

（5）恩荣三锡　为明朝知县邵斌立。邵斌曾任永宁知县，清廉正直，受到百姓爱戴，有较高的美誉度，朝廷多次给予赏赐。题字书家金意庵先生，为当代著名满族书法家，曾任中国书协理事、吉林省书法家协会名誉主席、吉林省书画院名誉院长、吉林省文史馆馆员。

“恩荣三锡”牌匾

（6）台藩衍贵　为明朝御史舒楚立。舒楚于永乐二年任四川道御史，政绩突出，颇有名声。题字书家吴建贤先生，著名书法家，中国书法家协会理事、上海书法家协会副主席。

“台藩衍贵”牌匾

（7）育天下才　为明朝进士马忠立。马忠曾任国子监助教。题字书家周志高先生，祖籍兴化，现为中国书法家协会常务理事、《中国书法》杂志主编。

“育天下才”牌匾

（8）五朝元老　为明朝大学士高谷立。高谷从政期间历经明成祖、宣宗、仁宗、英宗、景宗五朝，故有五朝元老之称。此匾按旧匾复制，题字书家不详。

“五朝元老”牌匾

（9）两朝忠荩　为明朝尚书成王进立。成琎任蔚州知县、北平布政使参议，当成祖北征时与太子同卧同起。病故后，先后被追赠为吏部侍郎、兵部尚书。其孙成谐在与俺答作战中殉职。此匾按旧匾复制，题字书家不详。

“两朝忠荩”牌匾

（10）状元宰相　为明朝首辅李春芳立。李春芳是明嘉靖二十六年进士，状元，后任建极殿大学士、吏部尚书、忠极殿大学士。题字书家沙孟海先生，当代著名书法家，生前任中国书法家协会名誉理事、浙江省书法家协会名誉主席、浙江省博物馆名誉馆长等职务。

“状元宰相”牌匾

（11）中原才子　为明朝福建按察副使宗臣立。宗臣是明朝嘉靖二十九年进士，因触怒严嵩出为福建参议。倭寇进犯，宗臣率众抗击，战功卓著，升任福建按察副使、提督学政。宗臣是明朝嘉靖“七子”之一。题字书家谢瑞阶先生，当代著名书法家，历任中国书法家名誉理事、河南省书法家协会、美术家协会主席等职。

“中原才子”牌匾

（12）东海贤人　为明朝哲学家韩贞立。韩贞出身贫寒，成年以后倾心向学，成为泰州学派的传人，经常开展平民教育，接济穷人。此匾按旧匾复制，题字书家不详。

“东海贤人”牌匾

（13）两世炯卿　为明朝宪副赵宋立。赵宋是明朝嘉靖进士，官至山西宁武兵备副使、山西行太仆寺卿，历经嘉靖、隆庆两朝，刚正不阿，廉洁自持。题字书家何应辉先生，现任中国书法家协会副主席、四川省书法家协会主席、四川省文联副主席、四川省诗书画院副院长。

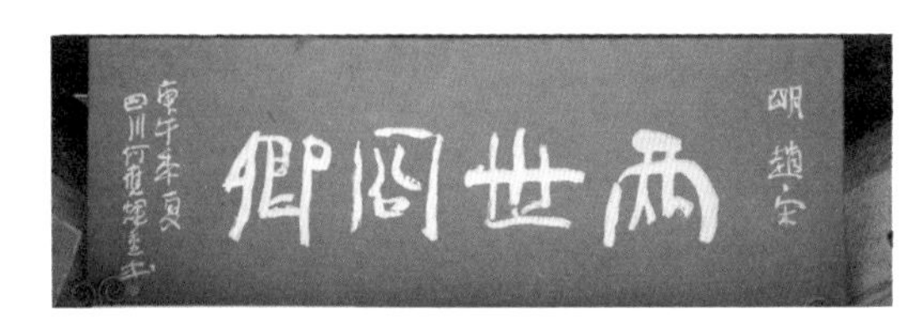
“两世炯卿”牌匾

（14）极品封君　为明朝少师李镗立。李镗是李春芳的父亲，父因子贵，被赠封为少师，所以称为“极品封君”。此匾按旧匾复制，题字书家不详。

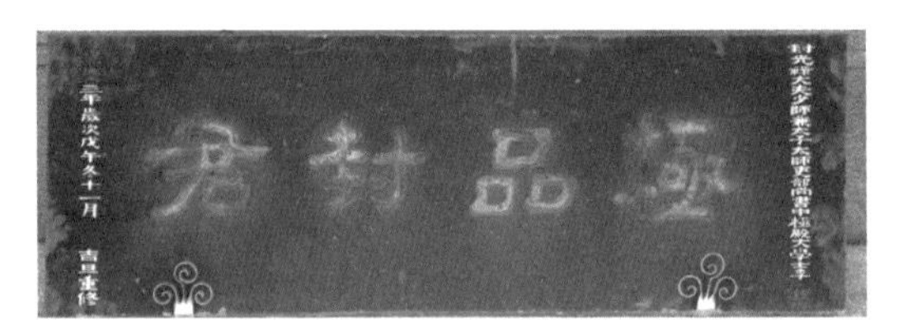

“极品封君”牌匾

（15）省阁名公　为明朝大学士高谷、尚书成王进、侍郎杨果立。赞誉他们是国家中枢机构内有名的人物。题字书家刘江，当代著名书法家，中国书法家协会理事，中国书法教育研究会副理事长，中国美术学院教授。

“省阁名公”牌匾

（16）名宦传芳　为明朝主事袁应琪立。袁应琪是明朝万历二年进士，户部主事，有功于家乡，

“名宦传芳”牌匾

家乡曾建立祠堂祭祀他。此匾按旧匾复制，题字书家不详。

（17）青琐名谏　为明朝御史黄建中立。黄建中任御史，敢于上书直言，权贵多所畏忌。“青琐名谏”即“宫门内的著名谏官”的意思。题字书家周慧王君，当代著名女书法家，中国书法家协会副主席、上海书法家协会主席。

（18）右省名卿　为明朝侍郎魏应嘉立。魏应嘉是明朝万历进士历任汝南粮官、太常卿、大理太仆卿、兵部右侍郎等职。题字书家徐一本先生，曾任中国书法家协会理事、创作评审委员会委员、学术委员会委员，湖北书法家协会副主席，《书法报》副社长等职。

“青琐名谏”牌匾

（19）五子济美　为明朝赠封御史解汝楫立。解汝楫教子有方，五个儿子都显达。题字书家潘主兰先生，当代著名书法家，生前曾任福建书法家协会副主席、顾问，福建画院副院长、福建省文史研究馆馆员、中华诗词学会顾问等职。2001年与启功一起获得中国文联与中国书协共同主办的国家级书法专业学术奖——“第一届中国书法兰亭终身成就奖”。

“右省名卿”牌匾

“五子济美”牌匾

（20）忠诚正直　为明朝尚书解学龙立。解学龙是明朝万历四十一年（1613）进士，官至兵部右侍郎、江西巡抚，南明弘光朝任刑部尚书。为官忠诚，正直无私。南明灭亡时投江自杀，以身殉职。题字书家胡问遂先生，我国当代著

“忠诚正直”牌匾

名书法家，中国书法家协会常务理事，上海文史研究馆馆员。

（21）平章纶阁　为明朝大学士吴生生立。平章，古官名，即宰相之意；纶阁是为皇帝拟机要文件之处。平章纶阁是赞誉吴生生位高权重。题字书家曹宝麟先生，中国书法家协会学术委员，暨南大学文化艺术中心研究员，书法篆刻研究室主任。

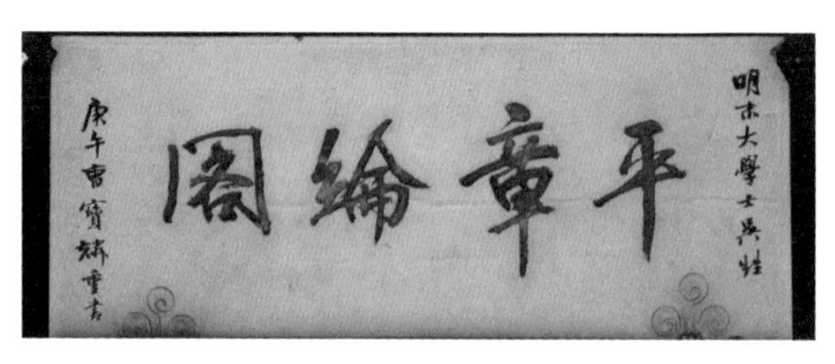

“平章纶阁”牌匾

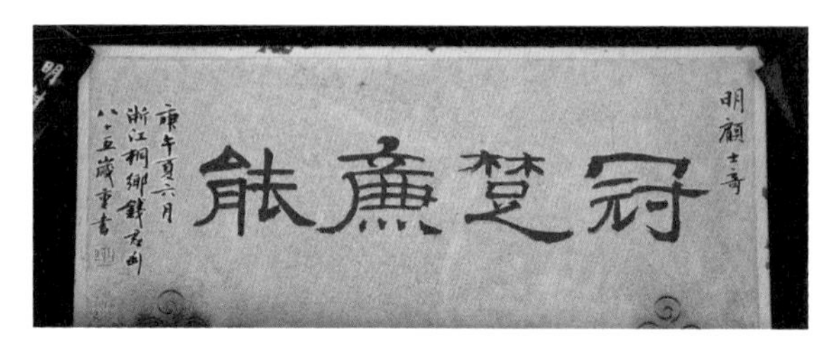

“冠楚廉能”牌匾

（22）冠楚廉能　为明朝知县顾士奇立。顾士奇曾任湖南江华等县知县，勤俭廉洁，声名远扬。题字书家钱君陶，当代著名篆刻家、书画家，在诗、书、画、印方面都有极高的造诣和贡献，历任上海市书协、美协常务理事，西泠印社副社长，华东师范大学教授。

“琼林世宴”牌匾

（23）琼林世宴　为明清两朝陈常道、陈爱轭、陈履中、陈以恂、陈广道五进士立。陈氏一门历经明清两个朝代出了陈常道、陈爱轭、陈履中、陈以恂、陈广道五个进士。琼林，苑名，宋代兴国八年曾经在此宴请新科进士，此后成为定例。所以参加琼林宴也就是取得进士身份的标志。题字书家张海先生，现任中国书法家协会主席、中国书法家协会学术委员会主任，河南省文联主席、河南省书法家协会主席，国家有突出贡献的专家。

（24）九世一品　为明清两朝的李秀、李旭、李镗、李春芳、李茂材、李思诚、李祺、李楠等李氏世代九人而立，称他们都是一品高官。题字书家高式熊，

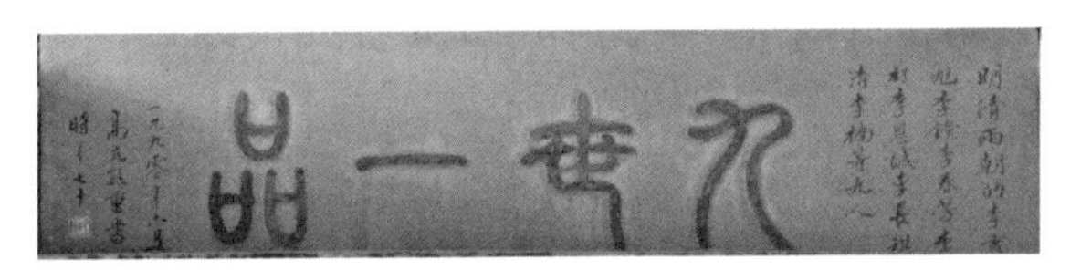

“九世一品”牌匾

当代著名书法家，曾任上海书法家协会常务理事、顾问，西泠印社副秘书长，上海文史研究馆馆员。

（25）阖门忠孝　为明朝知县李信立。李任信湖广和平县知县，清兵来攻，李信及其二子据城坚守，城破，不降被杀。此匾按旧匾复制，题字书家不详。

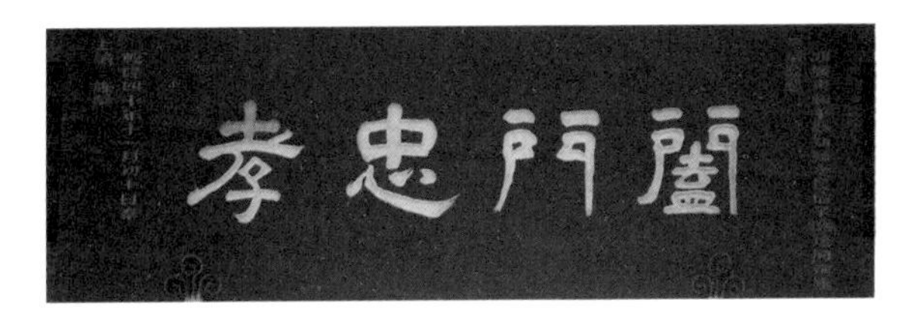

“阖门忠孝”牌匾

（26）畿甸清霜　为清朝巡道吴元莱立。吴元莱是清顺治十七年贡生，由中书历任郎官等职，升至直隶巡道。畿甸指京都一带，清霜形容其为官清正。题字书家朱贫田，当代著名书法家，中国书法家协会理事，浙江省书法家协会副主席，西泠印社理事。

“畿甸清霜”牌匾

（27）烈孝格天　为清朝孝子陈嘉谟立。清朝顺治初年，陈嘉谟之父蒙冤即将被处死，陈嘉谟写血书为父鸣冤，投河而死，感动众人。此匾按旧匾复制，题字书家不详。

“烈孝格天”牌匾

（28）万邦总宪　为清朝左都御史李楠立。李楠是清朝康熙十二年进士，历任翰林检讨、内阁学士、工部、户部侍郎直至都察院左都御史。都察院掌管天下御史，

“万邦总宪”牌匾

左都御史为都察院主官，李楠于任上纠正许多错案，故有万邦总宪之称。题字书家启功先生是已故当代著名学者、书法家，曾任中国书法家协会主席、国家文物鉴定委员会主任委员。

（29）名贤鼎望　为清朝布政使徐火旦及其兄徐熹立。徐火旦由进士升至广东布政使，很有政绩。其兄徐熹因弟弟出门为官，甘愿放弃科举选拔回家照顾母亲。题字书家瓦翁先生，当代著名书法篆刻家、金石学家、书法家，苏州东关印社名誉社长，江苏省文史研究馆馆员。

“名贤鼎望”牌匾

（30）兄弟联芳　为清朝知县魏曰祁、魏曰郁立。魏曰祁、魏曰郁于康熙二十一年同时中进士，后分别任职四川高县、福建漳平县，都卒于任上。题字书家方传鑫先生，中国书法家协会理事、上海书法家协会理事，上海书画出版社书法编辑组组长。

“兄弟联芳”牌匾

（31）三凤和鸣　为清朝进士孙兆奎、孙宗绪、孙麒三人立。孙兆奎康熙四十二年进士，任广西武缘县知县，后任兵部、吏部主事等职，学识渊博。弟孙宗绪康熙五十一年进士，任河南安阳知县，积劳成疾，卒于任上。弟孙麒康熙五十七年进士，崇尚节气。孙氏三兄弟同中进士，皆有美誉，故称三凤和鸣。题字书家刘小晴先生，中国书法家协会学术委员会委员、上海书法家协会副主席，上海文史馆馆员。

“三凤和鸣”牌匾

（32）鸾廷世美　为明朝举人姚更生立。姚更生远祖姚厚从高帝起义，拜潼

“鸾廷世美”牌匾

关都指挥使，子孙世袭。姚更生的父亲姚珍，任连江、镇远知县，仁慈俭素，姚更生也是举人。题字书家胡公石先生，当代著名书法家，江苏盐城人，新中国成立前曾担任国民党元老于右任先生私人秘书，新中国成立后曾任中国书法家协会理事、宁夏书协名誉主席、宁夏书画院名誉院长。1991年12月调任江苏省文史研究馆副馆长。

（33）玉署清华　为清朝庶常赵秉忠立。赵秉忠是乾隆十年进士，入庶常馆学习三年，散馆后，任武英殿纂修。宋太宗曾赐翰林苏易简“玉堂清署”，后世亦因此称翰林院为“玉署”，清朝庶常馆与宋朝翰林学士院相类似，所以用“玉署清华”赞美赵秉忠。题字书家王学仲先生，当代著名书法家，曾任中国书法家协会副主席，天津书协主席，现为中国书法家协会顾问，天津大学教授。

“玉署清华”牌匾

（34）诗画名家　为清朝诗画家陆沧浪、陆震、李沂、李鱼单、顾符真、顾于观、李恢、李慧火、黎本淳、魏标、王国栋、顾锡爵十二人立。题字书家为上海已故著名书画家、上海大学美术学院教授、上海文史研究馆馆员应野平先生。

“诗画名家”牌匾

（35）才步七子　为清朝进士郑燮立。郑燮官山东时爱民如子，诗、书、画俱佳，有“三绝”之称。题字书家费新我先生，为我国

“才步七子”牌匾

著名左笔书法家，曾任中国书法家协会理事，江苏省书法家协会顾问、江苏省国画院一级美术师。

（36）词林硕望　为清朝文学家黄本泰、黄本纶立。黄本泰、黄本纶资质过人，黄本泰文章优美，成就后学甚众，黄本纶文章犀利，锋芒毕露，中乾隆三十二年经魁。两人均不足二十岁就已有名气，为时人所推重。题字书家蒋维崧先生，当代著名书法家，曾任中国书法家协会理事、山东省书法家协会主席、中国训诂学研究会学术委员、《汉语大词典》副主编、山东大学教授。

“词林硕望”牌匾

（37）江左名元　为清朝知县徐步蟾立。徐步蟾是清朝乾隆十二年解元（第一名举人），乾隆十六年进士。题字书家谢稚柳先生，我国当代著名书法家、文物鉴定家，历任原中央大学教授、中国美协理事、上海分会副主席，中国书法家协会理事、上海分会副主席，国家文物鉴定委员会委员、全国古代书画鉴定组组长，上海市文物保护委员会编纂、副主任，上海市博物馆顾问。

“江左名元”牌匾

（38）经训贻芳　为清朝进士任陈晋、御史任大椿立。任陈晋精于《易经》，著作收入《四库全书》，其孙任大椿于乾隆三十四年中进士，后以主事参修《四库全书》，乾隆五十四岁升至陕西道监察御史，不久病故。任大椿对经学训诂颇有研究，主要成就在考证名物制度、辑录小学轶书方面，著作丰富，是扬州学派的早期代表人物。题字书家陈大羽先生，当代著名书画家，曾任南京艺术学院美术系名誉主任、教授。

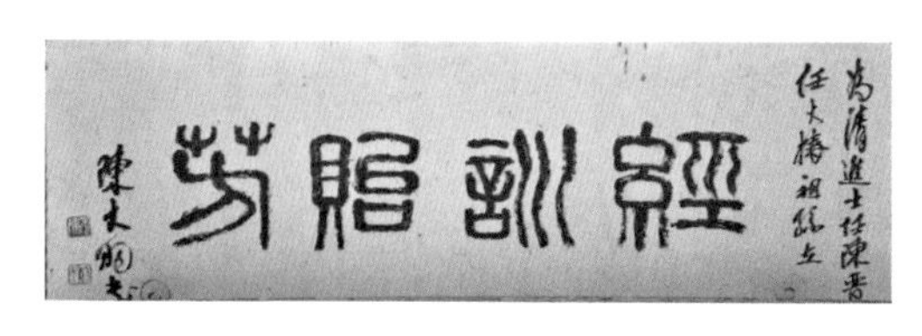

“经训贻芳”牌匾

（39）学冠东南　为清朝进士顾九苞立。顾九苞精通群经，著作宏富，乾隆

“学冠东南”牌匾

“琼林耆宿”牌匾

四十三年考取进士后病故。题字书家尉天池先生，当代著名书法家，中国书法家协会副主席，江苏省书法家协会主席，南京师范大学教授。

（40）琼林耆宿　为清朝检讨王月旦立。王月旦工诗善写文章，在家乡很有名气。嘉庆七年为翰林院检讨。题字书家王澄先生，现为中国艺术研究院中国书法院研究员，中国书法家协会理事、创作委员会副主任。

（41）粤西召杜　为清朝知府王志广立。乾隆年间王志广先后任广西梧州、柳州知府。“粤西召杜”比喻王志广有召、杜两位名宦的声誉。题字书家伍纯道先生生前任广西师范大学艺术系教授，中国书法家协会理事、广西书法家协会副主席。

（42）性静情逸　为清朝中允刘熙载立。刘熙载是道光二十四年进士，任翰林院编修，咸丰帝看重他的学问和人品，书写了“性静情逸”四个字赐给他。题字书家刘炳森先生是当代著名书法家、文物鉴定家，北京故宫博物院研究员、中国书法家协会副主席、中国教育学会书法教育专业委员会理事长、全国政协常委。

“粤西召杜”牌匾

“性静情逸”牌匾

（43）行为士表　为清朝进士陈广德立。陈广德道光二十五年进士，任户部主事。后请假回乡，侍养母亲甚勤，生平交友谨慎，俭衣

“行为士表”牌匾

朴食，行为堪称表率。题字书家沈鹏，当代著名书法家，曾任中国文联副主席、中国书法家协会主席、《中国书画》主编。

“望重南宫”牌匾

（44）望重南宫　为清朝进士孔广谟立。孔广谟品学兼优，中进士后，因病未能赴知县任，卒于家。题字书家沈觐寿先生，当代著名书法家，曾任福建省书法家协会副主席，福建省文史研究馆馆长等职。

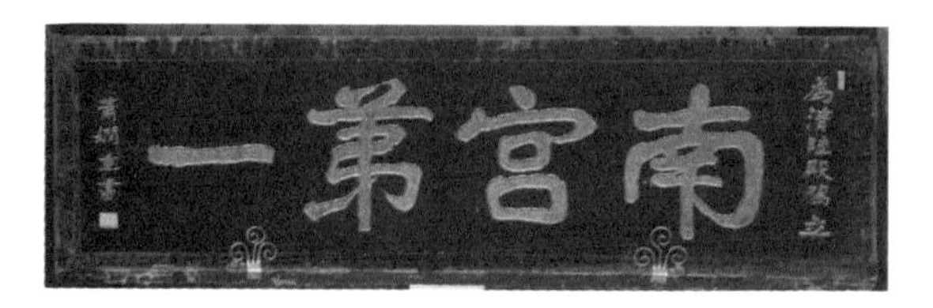

“南宫第一”牌匾

（45）南宫第一　为清朝会元陆殿鹏立。陆殿鹏博览经史，光绪二十年中会元，经廷试中进士，授吏部文选司主事。回归故里后，努力呈请革除弊政。题字书家肖娴先生，当代著名书法家，曾任中国书法家协会名誉理事。

“古之遗爱”牌匾

“仁寿之徵”牌匾

（46）古之遗爱　为清朝庶常成占春立。成占春于同治十三年任云南易门知县，召集流亡百姓耕种教化，为民谋利，后调升至镇雄州知州，以丧母而归故里，仍关心地方事务。题字书家徐石桥先生，祖籍兴化，长期任职南京博物院。

（47）仁寿之徵　为民国百岁老人康龄立。题字书家苏局仙先生，前清秀才，当代著名书法家，中国书法家协会会员、上海书法家协会名誉理事、上海市文史研究馆馆员。

❼ 板桥竹石园

板桥竹石园位于兴化城英武大桥西南车路河沿岸，主要以绿化与园林景观建筑相结合，总建设用地面积约6万平方米。园内有斑竹、茶秆竹、黄杆乌哺鸡竹、菲白竹、凤尾竹、孝顺竹、旱竹、紫竹、辣韭矢竹、水竹、小琴丝竹、南君竹等58个竹类品种，同时园区内配以各类乔木、花草，营造自然生态园林景观，是兴化市民休闲游玩的好场所。

板桥竹石园

❽ 板桥文化园

板桥文化园位于郑板桥故居西侧，虽然规模不大，但文化气息浓郁，它是一座板桥文化艺术内涵十分丰富的园林，其对联、匾额无不体现了板桥的思想精髓。卧听轩是根据先生诗句“衙斋卧听萧萧竹，疑是民间疾苦声，些小吾曹州县吏，一枝一叶总关情”诗意设计的，门口一副抱柱楹联“能糊涂方为智者，肯吃亏不是痴人”诠释了板桥先生的“难得糊涂”、“吃亏是福”的思想。板桥文化园内的一方池水，定名为楚泽，水榭中“赊月”小匾，表明了板桥先生甘于清贫、

板桥文化园

守得寂寞的清高思想。园内的“兰竹厅”是因板桥先生擅画兰竹而取名，此厅是先生生前寄居在“浮沤馆”学习和创作场所的翻版。

9 郑板桥陵园

郑板桥陵园位于兴化市腹部的大垛镇管阮村西北角，该地俗称郑家大场，为郑氏祖坟地。墓区总占地2 760平方米。郑板桥墓坐北朝南，圆形墓廓。墓前立墓碑，碑文“郑板桥之墓”五个大字为周而复题书。由墓向南有一条入园中轴通道，通向门楼。门楼前耸立一座三门牌坊，牌坊上额书“板桥陵园”四个大字。墓四周有波浪形围墙，墙的左右内侧嵌有板桥书画石刻八块。墓区松柏林立，翠竹丛生，绿树环绕。墓的西、北邻河，建有护坡驳岸和栏杆。1995年被列为江苏省文物保护单位。

（二）饮食与特产

说起兴化美食，鱼虾自然必不可少，产自垛田的蔬菜则更是绿色健康的餐桌美食。就让我们走进兴化人的餐桌，来看看垛田水中鱼、垛上菜是如何走进厨房变美食的吧。

也可作为蔬菜烹制菜肴。此外，垛田境内，湖荡密布，河网纵横，盛产螺蛳，垛田的湖荡草滩上盛产田螺，都可以做成美味菜肴。

水乡　杨伦/摄

1 芋头菜肴

龙香芋是垛田的特产，营养丰富，有着大家闺秀的气质，味道幽香可口。以芋头制作的菜肴较多，有蟹黄汪豆腐、芋头红烧肉、芋丁豆腐羹、芋头烧扁豆、

河虾

芋头烧萝卜、芋籽鸡块等。其中，最有特色的要数“芋头红烧肉”。

2012年5月至6月，中央电视台综合频道、记录频道先后播放了《舌尖上的中国》，其中的第七集《我的田野》，曾对垛田芋头和“芋头红烧肉”专门作了介绍。

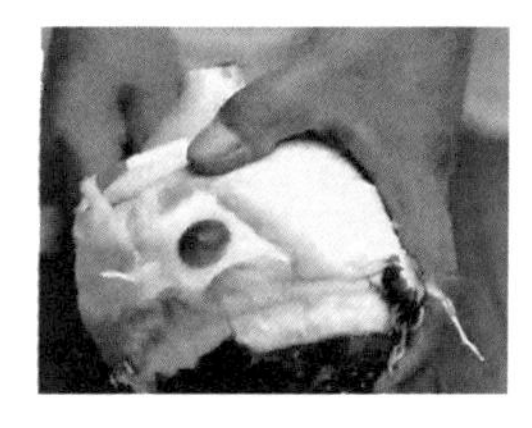
龙香芋

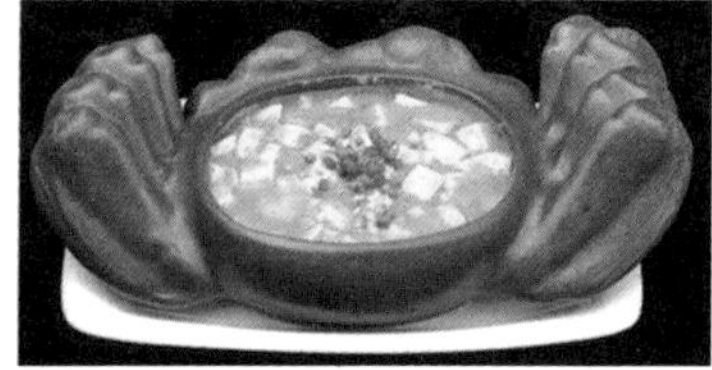
蟹黄汪豆腐

芋头红烧肉

❷ 香葱菜肴

垛田香葱，既可作为调味品，也可作为蔬菜烹制菜肴。有清炒香葱、香葱炖蛋、香葱烧豆腐。当地有一条广为人知的歇后语“小葱拌豆腐——一清二白”，正是来自于此。

❸ 沙沟大鱼圆

沙沟地处里下河腹部的兴化西北部，是风景秀丽的千年水乡古镇。这里芦苇成片、沟河纵横，盛产鱼虾，历史上有“金沙沟”之称。然而，这里最有名气的还属当地的乡土特产——沙沟大鱼圆。

沙沟大鱼圆

因其外形圆滑、饱满，地道的沙沟人称鱼圆为“鱼驼子”，是因为它的外形圆滑、饱满。沙沟人喜欢食鱼圆不但是鱼圆鲜美，还因为鱼圆寓意着年年有余、团团圆圆的吉祥内涵。

沙沟鱼圆选用沙沟湖产的新鲜的白鱼或青鱼为原料，辅之笋片、茨菇片、木耳片等烩制，其味道鲜美可口，别有一番风味。

④ 醉蟹

醉蟹

配有冬虫夏草、枸杞子、人参、花淑等名贵中药材配制成三卤料，经过严密的21道工序精制而成，肉质细嫩，色清如玉，口味鲜美诱人，“色、香、甜、咸、爽”五味俱佳，食之回味无穷。富含人体所需的17种氨基酸，营养价值高，是早在18世纪闻名遐迩的进京贡品，1898年获南洋国际物赛会金奖，1984年获江苏省名特优产品称号，1997年获绿色食品标志，2003年获江苏省名牌产品称号。

⑤ 韭菜菜肴

韭菜是垛田人种植历史最长、种植面积最广的蔬菜，人们也很喜欢吃它，甚而至于一日三餐、四季不离。最常见的吃法，有清炒韭菜、韭菜炒肉、韭菜炒长鱼、韭菜炒卜页、韭菜炒螺蛳肉等。河蚌也是垛田人的家常菜，河蚌常配以咸肉白烧，烧熟了，总要汆入韭菜。还有一道菜肴叫“韭菜炒蛋皮”，将韭菜与预制的蛋皮同炒。你别小看这道菜，那是要色彩有色彩，要香气有香气，要口味有口味。垛田一直流传着“韭菜炒蛋皮，姐夫爱小姨”的俏皮话，可见人们的喜爱程度。垛田人还喜欢用韭菜煮粥吃，说它有进补作用。

⑥ 三腊菜

三腊菜

被誉为兴化安丰一绝的三腊菜历史悠久。相传600多年前，文学巨匠施耐庵在兴化安丰、草堰一带采风、撰写《水浒传》时，其餐桌上常有的一道佐菜就叫三腊菜。三腊菜以野麻菜为主要原料，具有开胃通气、驱寒止痛之功效。

几百年来，到了腊月，安丰不少人家都要做一些三腊菜，除自家食用外，还馈赠亲友。

7 苋菜馉

苋菜馉，也有人称之为“瓜馉”，是用苋菜茎秆或冬瓜腌制、发 酵的一种家常菜。垛田人过去种植不少苋菜，进入秋季，苋菜开花结籽、长出茎秆，这时把它连根拔起，削根、去叶，将茎秆砍斫为小段，用来腌制苋菜馉。秋后的冬瓜往往很难卖出，垛田人也常用它来腌制瓜馉。这苋菜馉有点臭，俗说“生臭熟香”，煮熟后有一种特殊的臭里透香的味道，是一道十分开胃的佐菜，人们常说：“有了苋菜馉，神仙好下肚。”时至今日，在一些大酒店，“苋菜馉嘟豆腐”成了不少酒客必点的一道下饭菜。兴化城有一种小吃叫“油炸臭豆腐”，很受欢迎，这豆腐干就是用垛田的苋菜馉卤汁浸泡过的。

8 削瓜菜

垛田多产瓜果，其中的不少品种，既能当水果生吃，也能当蔬菜做成菜肴，最简便的做菜方法，就是“削瓜菜”。一般选用黄瓜、菜瓜、梢瓜或酥瓜（也叫水瓜），以酥瓜最佳。将新鲜的瓜洗净，用刀切开，分成两瓣，去馕，瓜条抓在手上，就着盆子，用刀削成一块块薄片。在瓜片上撒少许盐，搅拌后放置一旁。稍后，将瓜片捞起，挤去卤汁，装入盘子，加上酱油、麻油、蒜泥，一道瓜菜就做成了。瓜菜，做起来简单快捷，吃起来清脆爽口，即可佐饭又可下酒，老少皆宜，是一道典型的、垛田式的大众菜。

9 炒瓜皮

盛夏季节，人们都会吃西瓜。垛田人吃完西瓜后，会把西瓜皮放到一只盛有清水的盆子里，留着做菜。把浸泡在清水里西瓜皮去尽瓜馕，洗净，切成一寸长的薄片，放油、盐、葱及豆酱，在锅中翻炒至熟，一盘色香味俱全的炒瓜皮就端上了饭桌。不仅西瓜皮，丝瓜皮也能炒成菜。当然，西瓜皮、丝瓜皮，外表都有

一层硬质的皮，将其刮去或刨除，炒出来的“瓜皮菜”，甜丝丝、脆蹦蹦，保准让你两腭生津。

⑩ 沙沟藕夹子

沙沟是莲藕之乡，以藕为原料制作的美味佳肴自然很多，但最有风味的，数藕夹子。藕夹子制作简单，新鲜河藕洗净，切成片，每两片之间夹上馅，普遍以猪肉为主，猪肉要斩碎成肉末，加葱姜调料；其他的可根据时令或口味，和入糯米饭、韭菜等。夹上馅心后还要蘸一层干面糊。将蘸好面糊的藕夹子氽入油锅中炸，一会儿，金黄脆香的藕夹子就做好了。

沙沟藕夹子

“藕夹子”是沙沟的方言，在维扬菜系中它叫“藕合”，藕是“偶”的谐音，偶即成双作对，合即和合如意，夹子是“有子”的一种说法，寓意很吉祥。上年纪的老年人则戏称藕夹子为“银洋钱”，是因为藕夹子外形圆中有孔，形状很像古时的钱币。出锅的藕夹子色泽金黄，吃起来咸淡适中油而不腻、酥脆可口藕香浓郁。逢年过节，镇上人家都要做上一篮子藕夹子，除自家食用外还馈赠亲朋好友，成为一道闻名遐迩的传统特色菜肴。

沙沟藕夹子

⑪ 晒茄干

茄子，是垛田夏季蔬菜中不可或缺的品种。进入秋季，茄子就会变老，垛田人往往在入秋前把茄子摘下，切成片，晒成干，四季可食。冬季蔬菜较少的时候，垛田人就会从屋檐下取一两片茄干，放到水中浸泡，泡软后，挤干水分，放入锅里或炒或烧，那口味仍是地道的茄子。要是将它和猪肉红烧，吃一口油而不腻，烂而不腐的茄干，那口味比猪肉还要鲜美。

⑫ 吃豆子

蚕豆、豌豆，垛田人统称为“豆子”，是夏季收获的杂粮，常用来做成菜肴，叫作吃“豆子咸”。豆子咸分为两类，一是“青豆子”，一是“老豆子”。每年的立夏节气之后，蚕豆、豌豆的豆荚便逐渐饱满。将饱满的豆荚摘下，剥出豆粒，洗净，便可做菜。有咸菜烧青豆、蒜薹烧青豆、瓜丁烧青豆。若配以猪肉烹制，不管是蚕豆还是豌豆，口味特别鲜美。这期间，豌豆苗很嫩，可以掐些豆苗的嫩尖，回家炒了吃，垛田人叫作“炒豌豆头儿”。大约在小满时节，蚕豆、豌豆的植株渐渐老去。将豆秸连根拔起，摘下豆荚晒干，剥出豆粒，再暴晒几天，就成为“老豆子”，放进坛子或罐子，除一部分留种，其余的都可以成为食品。老豆子最常见的吃法，是“炒豆子”。过年、十六夜、来人到客，都会炒，炒熟了，作为小食品，吃起来脆蹦蹦、香喷喷，大人小孩都喜欢。老豆子也做菜。将蚕豆、豌豆炒熟，加水、加盐煮烂，盛入碗里，浇上芝麻油，撒些蒜泥，就是一道极好的下酒菜。不仅下酒，早餐喝粥时也是一道好佐菜。将蚕豆熟烂，可以做成五香豆，垛田人叫作“兰芽豆”。在垛田，老蚕豆还有一种吃法，就是“剥蚕豆瓣”。将老蚕豆以菜刀刀尖磕成两瓣，放入水里浸泡，待变软后剥去豆壳，就是豆瓣，可以做成咸菜豆瓣汤、豆腐豆瓣汤；可以油炸，变成酒桌上的“油炸蚕豆瓣”；端午节，可以拌进糯米，做成“蚕豆粽”；还可以用来做成家常豆瓣酱。

⑬ 小鱼烧咸菜

小鱼烧咸菜是兴化最典型的家常小菜。人人会烧，人人会做，可能兴化人还看不上眼，但外地人却赞不绝口。

兴化是水乡，鳜鱼青鲲的都不为奇，这些小鱼小虾，自然不上数了。也蹊

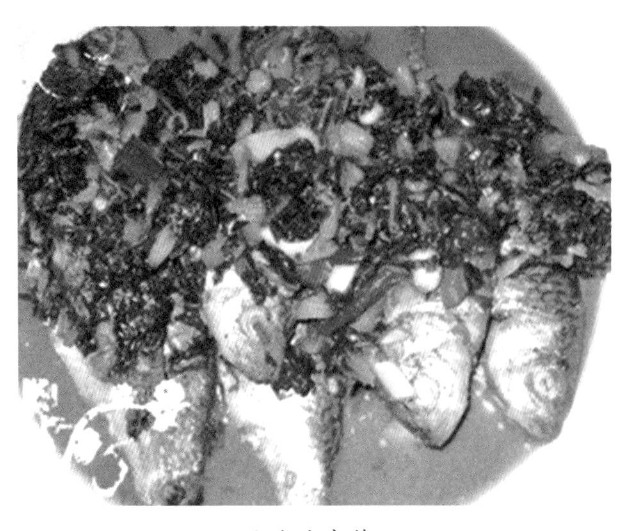
小鱼烧咸菜

跷，无论长多少年，鳑鲏儿大不过铜钱，罗汉儿粗不过拇指，但它们却鲜美无比。收拾小鱼儿，刀发辉不了作用，相对于它们，菜刀是太大了，只能用手掐，兴化人叫“掐细鱼儿”，掐好洗净，加小葱、老姜、蒜头，入锅翻炒，料酒或香醋烹之去腥，加盐、酱酒、糖、胡椒等烧片刻，使佐料入骨，再放清水、咸菜、武火烧至沸改文火慢慢烧，待汤乌红稠厚起锅，撒蒜花、芫荽浇头，大功告成。

小鱼烧咸菜，可就饭，可就粥，可下酒，四季皆宜，倘若在冬天，冻起来，其味更佳。这道家常小菜，如果加上精致的包装，打进超市，定会受欢迎。

14 螺蛳菜肴

垛田境内，湖荡密布，河网纵横，盛产螺蛳，人们把它亲切地叫作“螺螺儿”。垛田人常常在劳动之余、行船途中，孩子放学、放假，或用手摸，或是用耥网（一种民间常见的捕捞工具）耥，或是卷着裤脚到泥塘上去拾，捕捞螺蛳。螺螺儿自然也就成了百姓饭桌上四季常见的菜肴。垛田人最喜欢吃清明节前的螺蛳，此时的螺蛳无子、肉肥，还有“清明前吃三回螺螺，一年不害眼睛”的说法。垛田人烧螺螺最常见的方法是带壳烧，烧好的螺螺端上桌，舀儿只放进碗里，直接用手捏着，放在嘴边猛一吮吸，只听“咽”的一声，螺肉便进入口中，所以垛田人又称螺蛳叫“咽咽菜”。另一种吃法是烧螺肉。取养过一两天的螺蛳，不剪尾，不加作料，清水煮，垛田人叫“响”。熟后捞出，用缝被针或牙签将螺肉挑出，配以韭菜炒熟，出锅后香味扑鼻，鲜美无比。与螺蛳同类的还有田螺，田螺的个头要比螺蛳大得多，味道也更为鲜美。垛田的湖荡草滩上盛产田螺，人们常去“拾田螺”，作为家常菜肴。田螺的吃法，与螺蛳大致相同。但是，“田螺肉涨蛋”风味独特，属于垛田的特色菜肴。还有一种更为特别的吃法：将生的田螺肉挑出，去尾，切碎，加入猪肉斩成肉蓉，再将肉蓉放进田螺壳里，盖上田螺盖，加上作料在锅中煮熟，吃的时候或挑或吸，可谓“绝味美食”。

（三）交通情况

❶ 区位交通

公路：宁靖盐高速、江海高速、京沪高速、兴泰公路、宁盐公路、规划建设中的阜（宁）兴（化）泰（州）高速把兴化融入全国高速公路网络，驱车至上海、南京仅需2个多小时。

铁路：新长铁路、宁启铁路与陇海线、京沪线、浙赣线接轨。新长铁路在兴化设有客、货运站，驱车至泰州火车站仅需半小时。

机场：距上海虹桥机场（235千米）、上海浦东国际机场（290千米）、南京禄口机场（220千米）、无锡璜塘国际机场（135千米）、盐城南洋国际机场（100千米），在建的苏中机场（40千米）。

港口：泰州港距南京145千米，上海247千米，紧靠宁通高速。兴化境内省级航道澛汀河直通泰州港。

内河水运：兴化水系发达，水路纵横交错，现有通江达海黄金水道里程1 050千米，东入黄海、南接长江、西连京杭大运河，水运优势十分明显。省级航道澛汀河正在实施南水北调工程，取直竣深将直达长江，内河集装箱运输港正在规划建设。

站点	地点	车程	到达方式
火车站	泰州	00:40	客车、的士
机场	扬州泰州机场	01:10	的士或客车（机场—泰州—兴化）
机场	盐城南洋机场	01:30	的士或客车（机场—盐城—兴化）
高铁	镇江南站	01:30	的士或客车（镇江—兴化）

❷ 水上森林、千垛菜花生态旅游公交（专线直通车）

方便广大市民及外来旅客赴景区观光游览，兴化市开通城区至水上森林公园、千垛菜花景区旅游观光公交（专线）直通车。

每天去程首班上午8:00，回程末班下午17:00，每隔1小时左右一班，循环接送，免费乘车往返。

公交旅游线路：

长途车站—苏果超市—中医院—拱极台公园—北郊医院—水上森林—千垛菜花—北郊医院—拱极台公园—中医院—苏果超市—长途车站

预售票点、业务洽谈：拱极台公园西大门厅（春秋旅行社）地址：兴化市英武路106号拱极台公园西大门厅（春秋旅行社）

联系电话：0523-83209989（传真）0523-82312946

手机：13505129557、13961069556、15195243678

（四）推荐线路

❶ 水乡兴化生态、历史文化游线路

上午：游苏中最大的水上八卦兴化市缸顾乡“千岛菜花旅游景区”（可由关门城或沙沟旅游道路指示牌方向去达）——李中水上森林（兴沙公路旅游道路指示牌去达）——乌巾荡生态公园（城北郊）——上方寺（城北环路）。

下午：文博中心、李园船厅、牌楼（牌楼北路）——刘熙载故居（府前街）——板桥故居（金东门步行街）——赵海仙洋楼、状元坊、上池斋药店（金东门）——东岳庙、大司马府（牌楼东路、建设中），结束愉快行程。

❷ 水乡兴化名镇、古镇乡村游线路

上午：游苏中最大的水上八卦兴化市缸顾乡“千岛菜花旅游景区”（可由关门城或沙沟旅游道路指示牌方向去达）——李中水上森林（兴沙公路旅游道路指示牌去达）——沙沟古镇（兴沙公路去达）。

下午：可游览中堡大纵湖生态美食风光（中堡镇）——可游览水浒作者施耐庵文化陵园（新垛镇新垛村）——可游览全国农业旅游示范点（张郭镇）——可游览郑板桥文化陵园（大垛镇管阮村）。

附录2 大事记

- 1128年，黄河改道南下，兴化境内沼泽漏出水面。
- 南宋初期，岳飞驻军兴化，在垛田旗杆荡畔安营扎寨，利用荒滩堆垒土堆。
- 明洪武初年，朱元璋将苏州、昆山等地几十万人口强迁至垛田地区，垛田渐成规模。
- 1958年，垛田文化站建成，站址位于垛田公社所在地何家垛。
- 1959年，新华社编发专稿报道兴化垛田油菜高产，享有“垛田油菜，全国挂帅”的美誉。
- 1960年，《油菜舞》在扬州地区群众文艺汇演中获奖。
- 1967年，兴化第一家乡办企业“工贸联营兴化脱水蔬菜加工厂”投产。

●1992年，与垛田镇相距仅3千米的南荡古文化遗址被发掘。

●1993年，组建“垛田乡书画摄影协会”。

●2002年，垛田镇成为苏北地区唯一被省命名的“江苏省民间艺术之乡”。

●2006年，兴化香葱被国家质检总局批准为地理标志产品。

●2008年，文物普查发现了位于垛田镇湖西口村的耿家垛遗址。

●2009年，“兴化出口蔬菜示范区”被江苏省农业委员会、江苏出入境检验检疫局公布为年度第一批江苏省出口农产品示范区。

●2009年，第一届中国·兴化千岛菜花旅游节在缸顾乡“千岛菜花风景区”开幕。

●2011年，兴化垛田被江苏省政府确认为第七批省级文物保护单位。

●2011年，垛田镇荣获国家农业部“一村一品”示范镇。

●2012年，《舌尖上的中国》第七集《我的田野》收录并专门介绍了垛田龙香芋。

●2013年，被农业部正式批准为首批“全国重要农业文化遗产保护试点”（China-NIAHS）。

●2014年，第一届东亚地区农业文化遗产学术研讨会在兴化召开。

●2014年，兴化规划建设垛田传统农业系统核心保护区。

●2014年，举办“中国·兴化农耕文化展”。

●2014年，举办“小学生眼中的垛田”绘画比赛。

●2014年，被联合国粮农组织正式认定为“全球重要农业文化遗产（GIAHS）”。

附录3 全球/中国重要农业文化遗产名录

1 全球重要农业文化遗产

2002年，联合国粮农组织（FAO）发起了全球重要农业文化遗产（Globally Important Agricultural Heritage Systems, GIAHS）保护项目，旨在建立全球重要农业文化遗产及其有关的景观、生物多样性、知识和文化保护体系，并在世界范围内得到认可与保护，使之成为可持续管理的基础。

按照FAO的定义，GIAHS是“农村与其所处环境长期协同进化和动态适应下所形成的独特的土地利用系统和农业景观，这些系统与景观具有丰富的生物多样性，而且可以满足当地社会经济与文化发展的需要，有利于促进区域可持续发展。”

截至2014年年底，全球共13个国家的31项传统农业系统被列入GIAHS名录，其中11项在中国。

全球重要农业文化遗产（31项）

序号	区域	国家	系统名称	FAO批准年份
1	亚洲	中国	浙江青田稻鱼共生系统 Qingtian Rice-Fish Culture System	2005
2			云南红河哈尼稻作梯田系统 Honghe Hani Rice Terraces System	2010
3			江西万年稻作文化系统 Wannian Traditional Rice Culture System	2010
4			贵州从江侗乡稻—鱼—鸭系统 Congjiang Dong's Rice-Fish-Duck System	2011

续表

序号	区域	国家	系统名称	FAO批准年份
5	亚洲	中国	云南普洱古茶园与茶文化系统 Pu'er Traditional Tea Agrosystem	2012
6			内蒙古敖汉旱作农业系统 Aohan Dryland Farming System	2012
7			河北宣化城市传统葡萄园 Urban Agricultural Heritage of Xuanhua Grape Gardens	2013
8			浙江绍兴会稽山古香榧群 Shaoxing Kuaijishan Ancient Chinese Torreya	2013
9			陕西佳县古枣园 Jiaxian Traditional Chinese Date Gardens	2014
10			福建福州茉莉花与茶文化系统 Fuzhou Jasmine and Tea Culture System	2014
11			江苏兴化垛田传统农业系统 Xinghua Duotian Agrosystem	2014
12		菲律宾	伊富高稻作梯田系统 Ifugao Rice Terraces	2005
13		印度	藏红花文化系统 Saffron Heritage of Kashmir	2011
14			科拉普特传统农业系统 Traditional Agriculture Systems, Koraput	2012
15			喀拉拉邦库塔纳德海平面下农耕文化系统 Kuttanad Below Sea Level Farming System	2013
16		日本	能登半岛山地与沿海乡村景观 Noto's Satoyama and Satoumi	2011
17			佐渡岛稻田—朱鹮共生系统 Sado's Satoyama in Harmony with Japanese Crested Ibis	2011
18			静冈县传统茶—草复合系统 Traditional Tea-Grass Integrated System in Shizuoka	2013

续表

序号	区域	国家	系统名称	FAO批准年份
19	亚洲	日本	大分县国东半岛林—农—渔复合系统 Kunisaki Peninsula Usa Integrated Forestry, Agriculture and Fisheries System	2013
20			熊本县阿苏可持续草地农业系统 Managing Aso Grasslands for Sustainable Agriculture	2013
21		韩国	济州岛石墙农业系统 Jeju Batdam Agricultural System	2014
22			青山岛板石梯田农作系统 Traditional Gudeuljang Irrigated Rice Terraces in Cheongsando	2014
23		伊朗	坎儿井灌溉系统 Qanat Irrigated Agricultural Heritage Systems of Kashan, Isfahan Province	2014
24	非洲	阿尔及利亚	埃尔韦德绿洲农业系统 Ghout System	2005
25		突尼斯	加法萨绿洲农业系统 Gafsa Oases	2005
26		肯尼亚	马赛草原游牧系统 Oldonyonokie/Olkeri Maasai Pastoralist Heritage Site	2008
27		坦桑尼亚	马赛游牧系统 Engaresero Maasai Pastoralist Heritage Area	2008
28			基哈巴农林复合系统 Shimbwe Juu Kihamba Agro–forestry Heritage Site	2008
29		摩洛哥	阿特拉斯山脉绿洲农业系统 Oases System in Atlas Mountains	2011
30	南美洲	秘鲁	安第斯高原农业系统 Andean Agriculture	2005
31		智利	智鲁岛屿农业系统 Chiloé Agriculture	2005

2 中国重要农业文化遗产

我国有着悠久灿烂的农耕文化历史，加上不同地区自然与人文的巨大差异，

创造了种类繁多、特色明显、经济与生态价值高度统一的重要农业文化遗产。这些都是我国劳动人民凭借独特而多样的自然条件和他们的勤劳与智慧，创造出的农业文化的典范，蕴含着天人合一的哲学思想，具有较高的历史文化价值。农业部于2012年开始中国重要农业文化遗产发掘工作，旨在加强我国重要农业文化遗产的挖掘、保护、传承和利用，从而使中国成为世界上第一个开展国家级农业文化遗产评选与保护的国家。

中国重要农业文化遗产是指"人类与其所处环境长期协同发展中，创造并传承至今的独特的农业生产系统，这些系统具有丰富的农业生物多样性、传统知识与技术体系和独特的生态与文化景观等，对我国农业文化传承、农业可持续发展和农业功能拓展具有重要的科学价值和实践意义。"

截至2014年年底，全国共有39个传统农业系统被认定为中国重要农业文化遗产。

中国重要农业文化遗产（39项）

序号	省份	系统名称	农业部批准年份
1	天津	滨海崔庄古冬枣园	2014
2	河北	宣化传统葡萄园	2013
3		宽城传统板栗栽培系统	2014
4		涉县旱作梯田系统	2014
5	内蒙古	敖汉旱作农业系统	2013
6		阿鲁科尔沁草原游牧系统	2014
7	辽宁	鞍山南果梨栽培系统	2013
8		宽甸柱参传统栽培体系	2013
9	江苏	兴化垛田传统农业系统	2013
10	浙江	青田稻鱼共生系统	2013
11		绍兴会稽山古香榧群	2013
12		杭州西湖龙井茶文化系统	2014
13		湖州桑基鱼塘系统	2014
14		庆元香菇文化系统	2014

续表

序号	省份	系统名称	农业部批准年份
15	福建	福州茉莉花种植与茶文化系统	2013
16		尤溪联合体梯田	2013
17		安溪铁观音茶文化系统	2014
18	江西	万年稻作文化系统	2013
19		崇义客家梯田系统	2014
20	山东	夏津黄河故道古桑树群	2014
21	湖北	羊楼洞砖茶文化系统	2014
22	湖南	新化紫鹊界梯田	2013
23		新晃侗藏红米种植系统	2014
24	广东	潮安凤凰单丛茶文化系统	2014
25	广西	龙脊梯田农业系统	2014
26	四川	江油辛夷花传统栽培体系	2014
27	云南	红河哈尼梯田系统	2013
28		普洱古茶园与茶文化系统	2013
29		漾濞核桃—作物复合系统	2013
30		广南八宝稻作生态系统	2014
31		剑川稻麦复种系统	2014
32	贵州	从江稻鱼鸭系统	2013
33	陕西	佳县古枣园	2013
34	甘肃	皋兰什川古梨园	2013
35		迭部扎尕那农林牧复合系统	2013
36		岷县当归种植系统	2014
37	宁夏	灵武长枣种植系统	2014
38	新疆	吐鲁番坎儿井农业系统	2013
39		哈密市哈密瓜栽培与贡瓜文化系统	2014